中等职业教育规划教材

PLC 与变频器项目教程

主 编 张 威

副主编 田莉莉

参 编 陈晓霞 郝 昭

郑立冬 张永新

机械工业出版社

本书为中等职业教育专业规划教材，可供机电、电气、电子等相关专业使用。本书由初识 PLC 控制系统，三相异步电动机的控制，电动机基本控制电路的改造，学习 PLC 应用程序设计，认识变频器控制系统等 5 个项目组成。

本书从中等职业学校学生实际出发，以任务为引领，以生产实践为主线，适用于项目化教学形式，对 PLC 及变频器的知识点与技能进行重新构建，突出了"实用为主，够用为度"的思想。本书内容新颖，形式活泼，图文并茂，通俗易懂。

为方便教学，本书配有免费电子教案，选用本书作为教材的学校可来电索取，咨询电话：010-88379195。

图书在版编目（CIP）数据

PLC 与变频器项目教程/张威主编. —北京：机械工业出版社，2009.1
（2013.9 重印）
中等职业教育规划教材
ISBN 978 - 7 - 111 - 25452 - 2

Ⅰ. P…　Ⅱ. 张…　Ⅲ. ①可编程序控制器—专业学校—教材②变频器—专业学校—教材　Ⅳ. TP332.3　TN773

中国版本图书馆 CIP 数据核字（2008）第 165972 号

机械工业出版社（北京市百万庄大街 22 号　邮政编码 100037）
策划编辑：王　娟　责任编辑：王　娟　张值胜
版式设计：霍永明　责任校对：王　欣
封面设计：马精明　责任印制：杨　曦
北京圣夫亚美印刷有限公司印刷
2013 年 9 月第 1 版第 3 次印刷
184mm × 260mm ·9.25 印张·228 千字
7001—9000 册
标准书号：ISBN 978 - 7 - 111 - 25452 - 2
定价：21.00 元

凡购本书，如有缺页、倒页、脱页，由本社发行部调换
电话服务　　　　　　　　　　网络服务
社服务中心 ：(010)88361066　教材网 :http://www.cmpedu.com
销售一部 ：(010)68326294　机工官网:http://www.cmpbook.com
销售二部 ：(010)88379649　机工官博:http://weibo.com/cmp1952
读者购书热线：(010)88379203　**封面无防伪标均为盗版**

前　言

可编程序控制器（PLC）是集计算机技术、自动控制技术和通信技术于一体的新型自动控制装置，其性能优越，已被广泛地应用于工业控制的各个领域，并已成为工业自动化的四大支柱（PLC、工业机器人、CAD/CAM 和数控技术）之一。PLC 的应用已经成为一个世界潮流，在不久的将来，PLC 技术在我国也将得到更全面的推广与应用。

变频器是将固定频率的交流电变换为频率连续可调的交流电的装置，变频器的问世，使电气传动领域发生了一场技术革命，即交流调速取代直流调速。交流电动机的变频调速技术具有节能、改善工艺流程、提高产品质量以及便于自动控制等诸多优点。

本书以日本三菱公司的 FX_{2N} 系列 PLC 和 FR-E540 型变频器为例，按照任务驱动教学法，重新整合了 PLC 的基础知识、指令系统、编程方法、应用实例以及变频器相关知识等。

教材的编写过程中，始终以"实用为主，够用为度"为宗旨，以培养新世纪社会需要的、高素质的劳动者和中初级专门人才为出发点，以就业为导向，突出开放性、自主性和实践性的特点，力求做到以下几点：

1. 参照国家职业标准《维修电工》等的要求，确定教材内容的广度和深度，便于技能鉴定考核工作的顺利开展。

2. 体现以技能训练为主线、相关知识为支撑的编写思路，较好地处理了理论教学与技能训练的关系，有利于学生掌握知识、提高技能。

3. 从企业生产实际中选取针对性强的课题，以缩短学校教育与企业需要的距离，更好地满足企业用人的需要。

4. 尽量采用图、表等表现形式，降低学生的学习难度，激发学生的学习兴趣。

5. 教材内容上突出实用性、创新性，并留有扩展的余地。在语言表达上力求精练，通俗易懂。

本书绪论、项目三、项目五、附录由北方机电工业学校张威编写，项目一由北方机电工业学校田莉莉编写，项目二中任务一、任务二由北方机电工业学校陈晓霞编写，项目二中任务三、任务四由郝昭编写，项目四中任务一、任务二由迁安职教中心郑立冬编写，项目四中任务三、任务四由保定职教中心张永新编写。编写过程中得到了北方机电工业学校冀文校长、崔俊明、周继功老师的大力支持，在此一并表示衷心感谢。

因编者水平有限，加之时间仓促，书中难免有错漏之处，恳请读者批评指正。

目　　录

前言

绪论 ···················· 1

项目一　初识 PLC 控制系统 ····· 7

任务一　彩灯控制 ············ 7

任务二　抢答器控制 ·········· 12

任务三　自动门控制 ·········· 16

任务四　学习 PLC 编程语言 ····· 21

项目二　三相异步电动机的控制 ··· 27

任务一　三相异步电动机的点动控制 27

任务二　三相异步电动机的单向运转
控制 ··············· 33

任务三　程序的写入、调试及监控 ····· 40

任务四　学习编程软件 ········· 45

项目三　电动机基本控制电路的改造 58

任务一　笼型电动机串电阻减压起动
控制电路的改造 ········ 58

任务二　三相异步电动机Y—△减压
起动控制电路的改造 ······ 65

任务三　三相异步电动机正反转控制
电路的改造 ·········· 74

任务四　改造三相异步电动机调速
控制的电路 ·········· 84

项目四　学习 PLC 应用程序设计 ····· 93

任务一　油循环控制 ·········· 93

任务二　送料小车运动控制 ······ 98

任务三　液体自动混合装置的控制 ···· 104

任务四　交通信号灯控制 ········ 108

项目五　认识变频器控制系统 ······ 118

任务一　恒压供水系统的控制 ····· 118

任务二　电梯的控制 ·········· 124

任务三　机电一体化实训考核装置的
控制 ··············· 127

附录 ···················· 136

附录 A　三菱 FX 系列 PLC 指标与参数 ··· 136

附录 B　三菱 FX$_{2N}$ 应用指令 ······ 140

参考文献 ·················· 144

绪　　论

可编程序控制器简称 PLC，是 20 世纪 60 年代以来发展极为迅速，应用面极为广泛的工业控制装置，是现代工业生产自动化的四大支柱之首。当今 PLC 吸取了微电子技术和计算机技术的最新成果，从单机自动化到整条生产线的自动化乃至整个工厂的生产自动化；从柔性制造系统、工业机器人到大型分散控制系统，PLC 均承担着重要角色。

在生产类产品中，PLC 技术和变频调速技术已成为基本的通用技术。变频调速技术以其精度高、性能好、内部软件齐全、价格低、应用方便等优点，在很多场合替代了直流调速和电磁调速，占据了调速领域的主导地位。变频器与 PLC 通过软件来改变控制过程，具有编程简单、灵敏度高、可靠性高、体积小等优点。因此，被广泛应用于制造业、矿业、冶金等各个领域。

下面简单介绍一些 PLC 及变频器的外形及应用场合。

部分 PLC 及变频器的外形如图 0-1 所示，其在工业上的典型应用如图 0-2 所示。

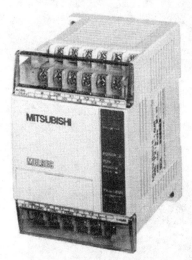

三菱 FX1S/FX1N 系列 PLC

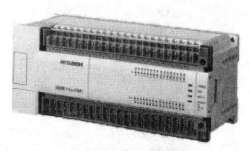

三菱 FX2N 系列 PLC

图 0-1　部分 PLC 及变频器的外形图

西门子 S7-200 系列 PLC

西门子新一代 S7-400 系列 PLC

欧姆龙 CP1H 系列 PLC

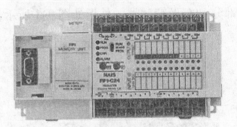

松下 FP1 系列 PLC

松下 FPΣ 系列 PLC

富士系列 PLC

图 0-1 部分 PLC 及变频器的外形图（续）

施耐德系列 PLC

三菱 FR 系列变频器

富士 E11S 系列变频器

VF-7F 系列变频器

MINI 型变频器 FRENIC-Mini

FRENIC-VP系列变频器(VP风机泵用)

图 0-1 部分 PLC 及变频器的外形图（续）

优利康 YD2000 风机泵用型变频器

施耐德 ATV11 系列变频器

VLT FC300 系列变频器

图 0-1　部分 PLC 及变频器的外形图（续）

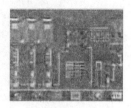

PLC 在双表显示中的应用　　　　　　　　　　PLC 在电池清洁设备中的应用

PLC 在水汽集中取样自控系统中的应用　　　　　PLC 在可编程数控底孔加工机中的应用

图 0-2　PLC 在工业上的部分应用

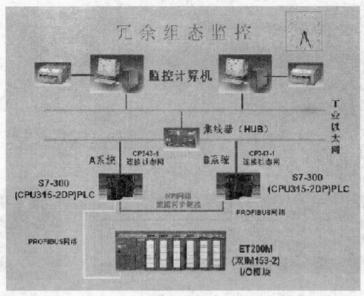

PLC 在冗余监控系统中的应用

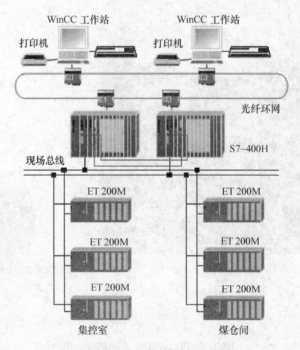

PLC 在电厂输煤程控系统改造中的应用

图 0-2　PLC 在工业上的部分应用（续）

项目一　初识 PLC 控制系统

可编程序控制器（简称 PLC）制造厂家较多，目前市场上品种、规格繁多，各厂家均独具特色，但一般来说，PLC 控制系统都包括两部分，一部分是硬件系统，另一部分是软件系统。PLC 的硬件系统基本组成主要是微处理器（CPU）、存储器、I/O（输入/输出）单元、电源单元和编程器等五大部分。软件系统主要是编制的各种程序。PLC 均采用"循环扫描，周而复始"的工作方式。其工作过程实质上就是 CPU 执行程序过程。为了进一步认识 PLC 控制系统，下面分 4 个任务来进行学习。

任务一　彩灯控制

任务目标

1. 熟悉传统的继电-接触器控制系统。
2. 掌握可编程序控制器（PLC）的基本组成。
3. 掌握 PLC 各组成部分的功能。

任务分析

节日彩灯的亮暗变化，给节日带来无穷乐趣，现有一彩灯，通过 PLC 来实现它的亮暗控制。控制电路如图 1-1 所示。控制要求：①按下按钮 SB，彩灯 HL 亮；②松开按钮 SB，彩灯 HL 灭。

如何用 PLC 实现本任务？PLC 是什么？其结构如何？通过完成对本任务的学习来解决这些问题。

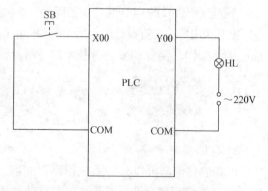

图 1-1　彩灯控制电路

相关知识

PLC 是计算机家族中的一员，是专为在工业环境中的应用而设计的。它采用一类可编程的存储器，用于存储内部程序，执行逻辑运算、顺序控制、定时、计数与算术操作等面向用户的指令，并通过数字或模拟式输入/输出控制各种类型的机械或生产过程。传统的继电-接触器控制系统通常由输入设备、控制电路和输出设备三大部分组成，如图 1-2 所示。显然这是一种由许多"硬"的元器件连接起来组成的控制系统，PLC 及其控制系统是从继电接触控制系统和计算机控制系统发展而来的，PLC 的 I/O 部分与继电接触控制系统大致相同，PLC 控制部分用微处理器和存储器取代了继电器控制电路，其控制作用是通过用户软件来实现的。PLC 的基本结构如图 1-3 所示。

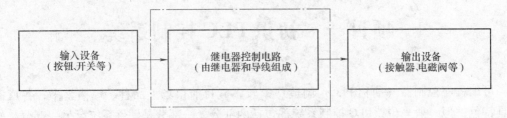

图 1-2　继电接触控制系统组成框图

1. 微处理器（CPU）

CPU 一般由控制器、运算器和寄存器组成，这些电路都集成在一个芯片上。与一般计算机一样，CPU 是 PLC 的核心，它按系统程序赋予的功能指挥 PLC 有条不紊地进行工作。CPU 主要有以下功能：

1）接收并存储用户程序和数据；

2）诊断电源、PLC 工作状态及编程的语法错误；

3）接收输入信号，送入数据寄存器并保存；

4）运行时顺序读取、解

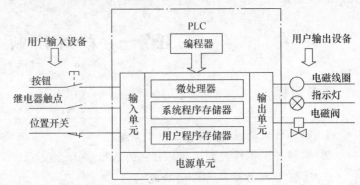

图 1-3　PLC 的基本结构

释、执行用户程序，完成用户程序的各项操作；

5）将用户程序的执行结果送至输出端。

不同型号 PLC 的 CPU 芯片是不同的，有的采用通用 CPU 芯片，如 8031、8051、8086、80826 等，也有采用厂家自行设计的专用 CPU 芯片（如西门子公司的 S7-200 系列 PLC 均采用其自行研制的专用芯片），随着 CPU 芯片技术的不断发展，各类 PLC 所用的 CPU 芯片也越来越先进。

　　CPU 芯片的性能关系到 PLC 处理控制信号的能力与速度，CPU 位数越高，系统处理的信息量越大，运算速度也越快。

注意：

2. 存储器

PLC 的存储器可以分为系统程序存储器、用户程序存储器及工作数据存储器等 3 种。

（1）系统程序存储器　系统程序存储器用来存放由 PLC 生产厂家编写的系统程序，并固化在 ROM 内，用户不能直接更改。系统程序质量的好坏，很大程度上决定了 PLC 的性能，其内容主要包括三部分：第一部分为系统管理程序，它主要控制 PLC 的运行，使整个 PLC 按部就班地工作；第二部分为用户指令解释程序，通过用户指令解释程序，将 PLC 的编程语言变为机器语言指令，再由 CPU 执行这些指令；第三部分为标准程序模块与系统调用程序，它包括许多不同功能的子程序及其调用的管理程序，如完成输入、输出及特殊运算等的子程序，PLC 的具体工作都是由这部分程序来完成的，这部分程序的多少决定了 PLC 性能的强弱。

（2）用户程序存储器　根据控制要求而编制的应用程序称为用户程序。用户程序存储器用来存放用户针对具体控制任务，用规定的 PLC 编程语言编写的各种用户程序。目前较先进的 PLC 采用可随时读写的快闪存储器作为用户程序存储器。快闪存储器不需后备电池，掉电时数据也不会丢失，使用非常方便。

（3）工作数据存储器　工作数据存储器用来存储工作数据，即用户程序中使用的ON/OFF 状态、数值数据等。在工作数据区中开辟有元件映像寄存器和数据表。其中元件映像寄存器用来存储开关量、输出状态以及定时器、计数器、辅助继电器等内部器件的ON/OFF 状态。数据表用来存放各种数据，它存储用户程序执行时的某些可变参数值及 A/D转换得到的数字量和数学运算的结果等。

　　　PLC 产品手册中给出的"存储器类型"和"程序容量"是针对用户程序存储器而言的。
注意：

3. 输入/输出（I/O）单元

输入/输出接口是 PLC 与外界连接的途径，是 CPU 与现场 I/O 装置或其他外部设备之间的连接部件。图 1-4 所示为三菱 FX_{2N} 型 PLC 外部 I/O 端口。

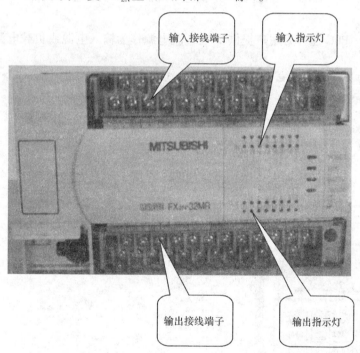

图 1-4　三菱 FX_{2N} 型 PLC 外部 I/O 端口

输入接口用来接收和采集两种类型的输入信号，一类是来自按钮、选择开关、行程开关、继电器触点、接近开关、光电开关、数字拨码开关等的开关量输入信号；另一类是来自电位器、测速发电机和各种变送器等的模拟量输入信号。

输出接口用来连接被控对象中各种执行元件，如接触器、电磁阀、指示灯、调节阀（模拟量）、调速装置（模拟量）等。

I/O 的能力可按用户的需要进行扩展和组合。

注意:

4. 编程器

编程器有简易编程器和智能图形编程器两种，主要用于编程、对系统进行设定、监控 PLC 及 PLC 所控制系统的工作状况。编程器是 PLC 开发应用、监测运行、检查维护不可缺少的组件。图 1-5 所示为三菱 FX$_{2N}$ 简易编程器。

编程器不直接加入现场控制运行。一台编程器可开发、监护多台 PLC 的工作。

注意:

5. 电源

电源部件用来将外部供电电源转换成供 PLC 的 CPU、存储器、I/O 接口等部件工作所需要的直流电源，维持 PLC 的正常工作。

PLC 的电源部件有很好的稳压措施，因此对外部电源的要求不高。直流 24V 供电的机型，允许电压为 16 ~ 32V；交流 220V 供电的机型，允许电压为 85 ~ 264V，频率为 47 ~ 53Hz。

一般情况下，PLC 还可为用户提供 24V 直流电源作为输入电源或负载电源。

为防止因外部电源发生故障，造成 PLC 内部重要数据丢失，一般 PLC 都备有后备电源。

注意:

任务实施

根据如图 1-1 所示的硬件电路图，绘制如图 1-6 所示的 PLC 控制程序。

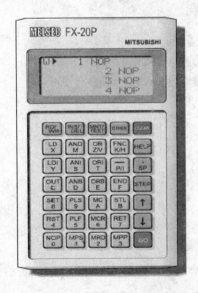

图 1-5　三菱 FX$_{2N}$ 简易编程器

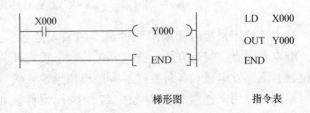

梯形图　　　　　　　指令表

图 1-6　彩灯控制程序

有关程序的相关知识将在后续课程中学习。

知识链接

可编程序控制器（PLC）的发展及应用范围

1. 可编程序控制器（PLC）的产生和发展

20 世纪 60 年代，在世界工业技术改革浪潮的冲击下，各个工业国家都在寻找一种比继电器更可靠、功能更齐全、响应速度更快的新型工业控制装置。直到 1968 年，为适应汽车型号的不断翻新，尽量避免重建流水线和更换继电器控制系统，以降低成本、缩短生产周期，美国通用汽车公司公开招标，研制一种工业控制器，提出了"使用、编程方便，可在现场修改和调试程序，维护方便、可靠性高、体积小、易于扩充"等要求。根据招标要求，美国数字设备公司（DEC）在 1969 年研制出了第一台可编程序控制器 PDP-14，并在通用汽车公司的自动装配生产线上试用成功，从而开创了工业控制的新局面。经过 30 多年的发展，可编程序控制器产品性能日臻完善，概括起来，其发展过程可归纳如表 1-1 所示。

表 1-1　PLC 的发展过程

发 展 时 期	特　　点	典型产品举例
初创时期 （1969～1977 年）	由数字集成电路构成，功能简单，仅具备逻辑运算和计时、计数功能。机种单一，没有形成系列	DEC 公司的 PDP-14、日本富士电机公司的 USC-4000 等
功能扩展时期 （1977～1982 年）	以微处理器为核心，功能不断完善，增加了传送、比较和模拟量运算等功能。初步形成系列，可靠性进一步提高，存储器采用 EPROM	德国西门子公司的 SYMATIC S3 系列和 S4 系列、日本富士电机公司的 SC 系列等
联机通信时期 （1982～1990 年）	能够与计算机联机通信，出现了分布式控制，增加了多种特殊功能，如浮点数运算、平方、三角函数、脉宽调制等	德国西门子公司的 SYMATIC S5 系列、日本三菱公司的 MELPLAC-50、日本富士电机公司的 MICREEX 等
网络化时期 （1990 年～）	通信协议走向标准化，实现了和计算机网络互联，出现了工业控制网，可以用高级语言编程	德国西门子公司的 S7 系列、日本三菱公司的 A 系列等

从 PLC 的发展趋势看，PLC 控制技术将成为今后工业自动化控制的主要手段。在未来的工业生产中，PLC、机器人、CAD/CAM 和数控技术将成为实现工业生产自动化的四大支柱技术。

2. PLC 的应用领域

PLC 已广泛应用于工业生产的各个领域，冶金、机械、化工、轻工、食品、建材等，几乎没有不用到它的。不仅工业生产用它，一些非工业过程，如楼宇自动化、电梯控制、农业大棚环境参数调控、水利灌溉等也有广泛应用。PLC 的应用领域主要分为以下几类：

（1）取代传统的继电器电路　实现逻辑控制、顺序控制，既可用于单台设备的控制，也可用于多机群控及自动化流水线，如注塑机、印刷机、订书机械、组合机床、电镀流水线等。

（2）工业过程控制　在工业生产过程当中，存在一些如温度、压力、流量、液位和速度等连续变化的量，PLC 采用相应的模拟/数字（A/D）和数字/模拟（D/A）转换模块，以及各种各样的控制算法程序来处理，完成闭环控制。

（3）运动控制　PLC 可以用于圆周运动或直线运动的控制。一般使用专用的运动控制模块，如可驱动步进电动机或伺服电动机的单轴或多轴位置控制模块，广泛用于各种机械、机床、机器人、电梯等场合。

（4）数据处理　PLC 具有数学运算、数据传送、数据转换、排序、查表、位操作等功能，可以完成数据的采集、分析及处理。数据处理一般用于如造纸、冶金、食品工业中的一些大型控制系统。

（5）通信及联网　PLC 通信含 PLC 间的通信及 PLC 与其他智能设备间的通信。随着工厂自动化网络的发展，现在的 PLC 都具有通信接口，通信非常方便。

思考与练习

1. 什么是可编程序控制器（PLC）？它的组成部分有哪些？
2. PLC 的 CPU 有哪些功能？
3. 简述 PLC 的发展历程。
4. 简述 PLC 的应用领域。

任务二　抢答器控制

任务目标

1. 掌握输入/输出接口的作用。
2. 熟悉输入/输出接口的不同结构。
3. 掌握输入/输出接口的特点。

任务分析

在各种知识竞赛中，经常用到抢答器，现有四人抢答器，通过 PLC 来实现控制，如图 1-7 所示。图 1-7 中，输入 X01～X04 与 4 个抢答按钮相连，对应 4 个输出 Y01～Y04 继电器。只有最早按下按钮的人才有输出，后续者无论是否有输入均不会有输出。当组织人按复位按钮后，输入 X00 接通抢答器复位，进入下一轮竞赛。

本任务涉及到多个输入、输出，在 PLC 硬件上如何连接？如何理解 PLC 的输入/输出？通过本任务的学习来解决这些问题。

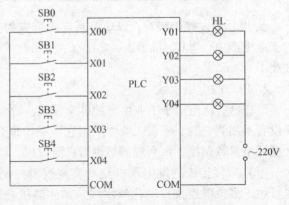

图 1-7　四人抢答器控制电路图

相关知识

在 PLC 系统中，外部设备信号均是通过输入/输出（以下简称 I/O）端口与 PLC 进行数据传送的。所以，无论是硬件电路设计还是软件电路设计，都要清楚地了解 PLC 的端口结构及其使用注意事项，这样才能保证系统的正确运行。

I/O 接口就是将 PLC 与现场各种 I/O 设备连接起来的部件。PLC 应用于工业现场，要求其输入能将现场的输入信号转换成微处理器能接收的信号，并且最大程度地排除干扰信号，

提高可靠性；输出能将微处理器送出的弱电信号放大成强电信号，以驱动各种负载。因此，PLC 采用了专门设计的 I/O 端口电路。

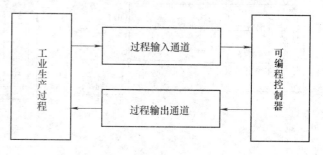

图 1-8　实时控制框图

I/O 接口的任务是将被控对象或被控生产过程的各种变量进行采集送入 CPU 处理，同时控制器又通过 I/O 接口将 CPU 运算处理产生的控制输出传送到被控设备或生产现场，驱动各种执行机构动作，实现实时控制如图 1-8 所示。

1. 输入接口

输入接口电路是 PLC 与控制现场的接口界面的输入通道。输入信号可以用来接收和采集两种类型的输入信号：一种是由按钮开关、选择开关、行程开关等提供的开关量数字信号；另一种是由传感器、电位器、热电偶等提供的连续变化的模拟信号，如图 1-9 所示。

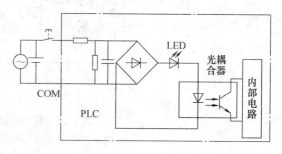

图 1-9　输入接口结构原理图

输入接口常见有 3 种接口形式，如图 1-10 所示。

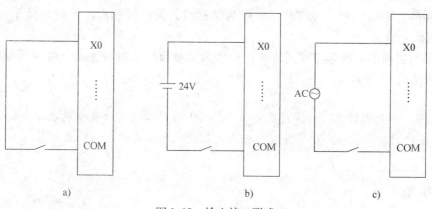

a)　　　　　　　　　　b)　　　　　　　　　　c)

图 1-10　输入接口形式

a) 干接触式　b) 24V 直流输入式　c) 交流输入式

采用光电耦合电路与现场输入信号相连接的目的是防止现场的强电干扰进入 PLC。

2. 输出接口

输出接口用来连接被控对象中的各种执行元件，如接触器、电磁阀、指示灯、调节阀（模拟量）、调速装置（模拟量）等。输出接口有多种输出方式，如图 1-11 所示。

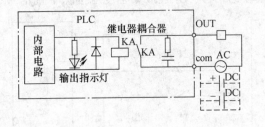

a)

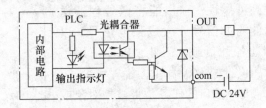

b)

c)

图 1-11　输出接口的输出方式

a）继电器输出　b）晶体管输出　c）晶闸管输出

（1）继电器输出　接触电阻小、抗冲击能力强，但响应速度慢、一般为毫秒级，可以驱动交/直流负载，常用于低速大功率负载。

（2）晶体管输出　响应速度快、一般为纳秒级、无机械触点、可频繁操作、寿命长，可以驱动直流负载。

（3）晶闸管输出　响应速度比较快、一般为微秒级、无机械触点、可频繁操作、寿命长，可以驱动交/直流负载。

由于 PLC 在工业生产现场工作，对 I/O 接口有两个主要的要求：一是接口有良好的抗干扰能力；二是接口能满足工业现场各类信号的匹配要求。

任务实施

根据如图 1-7 所示的硬件电路图，绘制如图 1-12 所示的 PLC 控制程序。

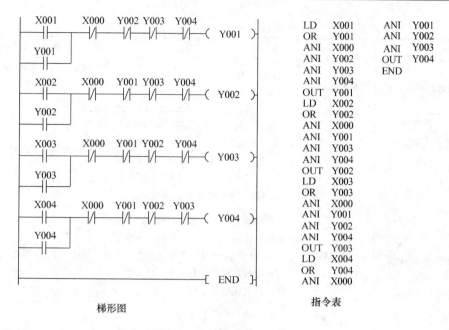

梯形图 　　　　　 指令表

图 1-12　抢答器控制程序

知识链接

PLC 的分类

PLC 是科学技术发展和现代化大生产需要的产物，在不同环境中应用的类型不同，一般来说，可以从 3 个方面对 PLC 进行分类，见表 1-2。

表 1-2　PLC 的分类

分类原则	PLC 种类	特　点	相关产品举例
按 PLC 的控制规模分类	微型 PLC	I/O 点数一般在 64 点以下。特点是体积小巧、结构紧凑、以开关量控制为主，有的产品具有少量模拟量信号处理能力	OMRON 公司的 CPM1A 系列 PLC、德国西门子的 LOGO 系列 PLC
	小型 PLC	I/O 点数一般在 256 点以下。除开关量控制外，一般都有模拟量控制功能和高速控制功能。有的产品还有多种特殊功能模板或智能模块，有较强的通信能力	日本三菱公司的 FX_{2N} 系列 PLC、OMRON 公司的 C60P 系列 PLC、西门子的 S7-200 型 PLC
	中型 PLC	I/O 点数一般在 1024 点以下。指令系统更丰富，内存容量更大，一般都有可供选择的系列化的特殊功能模板，具有较强的通信联网能力	OMRON 公司的 C200H PLC、西门子的 S7-300 型 PLC
	大型 PLC	I/O 点数一般在 1024 点以上。软、硬件功能极强，运算和控制功能丰富，具有多种自诊断功能。通信联网功能强，有各种通信联网的模块，可以构成三级通信网，实现工厂生产管理自动化	OMRON 公司的 C1000H PLC、西门子的 S7-400 型 PLC

（续）

分类原则	PLC 种类	特　　点	相关产品举例
按 PLC 的控制规模分类	超大型 PLC	I/O 点数一般可达万点以上，甚至几万点。功能更加强大	美国 GE 公司的 90-70 PLC、西门子公司的 SS-115U-CPU945 PLC
按 PLC 的控制功能分类	低档机	具有基本的控制功能和一般的运算能力，工作速度比较低，能带的 I/O 模块的数量比较少，I/O 模块的种类也比较少。这类 PLC 只适合于小规模的简单控制。在联网中一般适合做从站使用	OMRON 公司的 C60P 系列 PLC
	中档机	控制能力和运算能力都较强，工作速度比较快，能带的 I/O 模块的数量较多，I/O 模块的种类也比较多。可完成中等规模的控制任务。联网中可做主站或从站	西门子的 S7-300 型 PLC
	高档机	控制能力和运算能力强大，工作速度快，能带的 I/O 模块的数量很多，I/O 模块的种类也很全面。可完成大规模的控制任务。联网中可做主站	西门子的 S7-400 型 PLC、美国 GE 公司的 90-70 PLC
按 PLC 的结构分类	箱体式结构	把电源、CPU、内存、I/O 系统都集成在一个小箱体内。一个主机箱体就是一台完整的 PLC	西门子公司的 LOGO 系列 PLC
	组合式（模块式）结构	CPU、I/O 单元、电源单元以及各种功能单元自成一体，称为模块或模板。各种模块可根据需要搭配组合，灵活性强	西门子公司的 S7-200、S7-300、S7-400 型系列 PLC

思考与练习

1. PLC 的 I/O 接口有哪些作用？
2. 输入接口常见有几种接口形式？
3. 输出接口有哪几种输出方式？
4. 简述 PLC 的分类。

任务三　自动门控制

任务目标

1. 掌握 PLC 的工作原理。
2. 掌握 PLC 的工作方式。
3. 熟悉 PLC 的工作过程。

任务分析

用 PLC 控制一车库大门的自动打开和关闭，以便让一个接近大门的物体（如车辆）进入或离开车库。控制要求：采用一台 PLC，把一个超声开关和一个光电开关作为输入设备将信号送入 PLC，再由 PLC 输出信号控制门电动机旋转，如图 1-13 所示。

从图 1-13 可知，PLC 有多种不同类型的输入控制，那 PLC 是如何工作的呢？通过本任务的学习来解决这个问题。

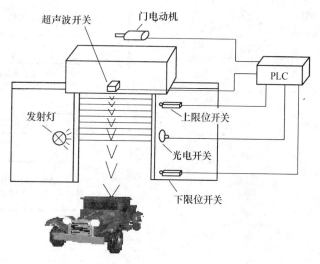

图 1-13　PLC 在自动开关门中的应用

相关知识

PLC 运行时，CPU 不能同时去执行多个操作，只能按分时操作原理运行，即每一时刻执行一个操作，完成一个动作，随着时间的自然延伸，一个动作接着一个动作地顺序执行下去。这种分时操作的过程称为 CPU 的扫描工作方式。在 PLC 中，用户程序按先后顺序存放在存储器中，例如：

```
┌→1   × × × × ×
│ 2   × × × × ×
│ 3   × × × × ×
│        ⋮
│ 10  × × × × ×
│ 11  × × × × ×
└—12 END
```

CPU 从第一条指令开始执行程序，直到遇到结束符号后又返回第一条，如此周而复始不断循环。整个扫描过程中 PLC 除了执行用户程序外，还要完成其他工作。图 1-14 所示为 PLC 的工作过程框图。

由图 1-14 所示的工作过程框图可以看出，PLC 的工作过程可以分为以下几个阶段：

1. 初始化

PLC 每次在电源接通时，将进行初始化工作，主要包括 I/O 寄存器和内部继电器清零、定时器复位等，初始化完成后则进入周期扫描工作方式。

2. 公共操作

公共操作主要包括以下 3 个方面：

（1）输入/输出部分检查。

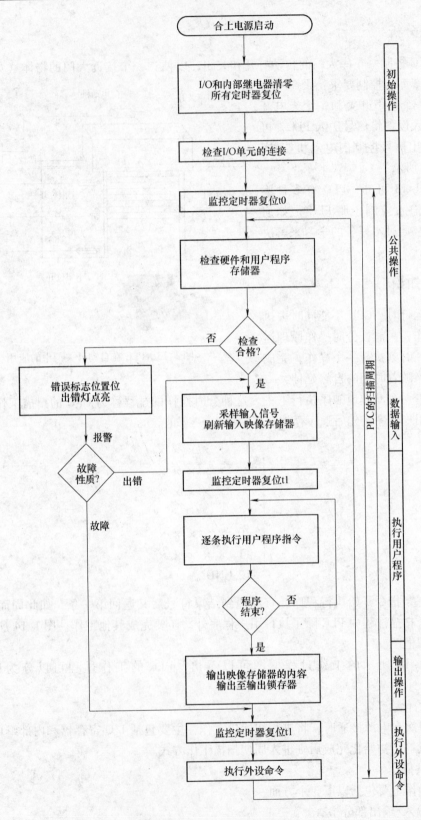

图 1-14 PLC 工作过程框图

（2）清监视器 主机的监视器实质上是一个定时器，PLC 在每次扫描结束后使其复位。当 PLC 在 RUN 或 MONITOR 方式下工作时，此定时器检查 CPU 的执行时间，当执行时间超过监视器设定时间时，表示 CPU 有故障。发现故障时，除通过指示灯显示出故障外，还自动判断故障性质。一般性故障，只报警不停机，等待处理；对于严重故障，则停止用户程序的运行，关闭 PLC 的一切输出信号并切断相关的输出联系。

（3）检查硬件和用户程序存储器。

3. 执行程序过程

PLC 执行程序的过程分 3 个阶段，即输入采样（输入处理）阶段、程序执行（程序处理）阶段、输出刷新（输出处理）阶段，如图 1-15 所示。

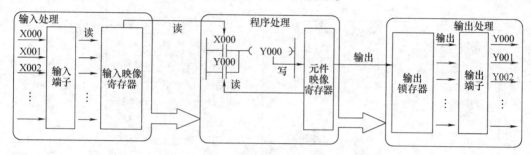

图 1-15 PLC 执行程序的过程

（1）输入采样阶段 在这一阶段中，PLC 以扫描工作方式按顺序将所有输入端的输入状态采样并存入输入映像寄存器中。在本工作周期内，这个采样结果的内容不会改变，而且这个采样结果将在 PLC 执行程序时被使用。

注意： 输入状态表（输入映像寄存器）采样时刷新。

（2）程序执行阶段 在这一阶段中，PLC 按顺序进行扫描，即从上到下、从左到右地扫描每条指令，并分别从输入映像寄存器和输出映像寄存器中获得所需的数据进行运算、处理，再将程序执行的结果写入寄存执行结果的输出映像寄存器中保存。但这个结果在全部程序未执行完毕之前不会送到输出端口上。

注意： 输出状态表（输出映像寄存器）随时刷新（中间值和最终结果）。

（3）输出处理阶段 在所有用户程序执行完后，PLC 将输出映像寄存器中的内容送入输出锁存器中，通过一定方式输出来驱动外部负载。

注意： 执行用户程序的结果送到输出寄存器，并不立即向 PLC 的外部输出。输出端子的接通或开断由输出锁存器决定。

任务实施

根据图 1-13 所示图例画出 PLC 控制接线图及程序如图 1-16 所示。当超声开关检测到门前有车辆时，X000 动合触点闭合，升门信号 Y000 被置位，升门动作开始；当升门到位时门顶限位开关动作，X002 动合触点闭合，升门信号 Y000 被复位，升门动作完成；当车辆进入到大门遮断光电开关的光束时，光电开关 X001 动作，其动断触点断开，车辆继续行进驶入大门后，接收器重新接收到光束，其动断触点 X001 恢复原始状态闭合，此时这一由断到通的信号驱动 PLS 指令使 M100 产生一脉冲信号，M100 动合触点闭合，降门信号 Y001 被置位，降门动作开始；当降门到位时门底限位开关动作，X003 动合触点闭合，降门信号 Y001 被复位，降门动作完成。

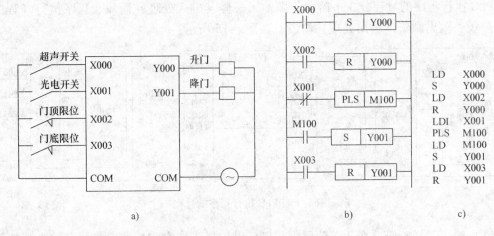

图 1-16　PLC 在自动开关门中的应用
a）I/O 接线图　b）梯形图　c）指令表

知识链接

知识点一　PLC 的技术指标

PLC 的技术指标包括硬件指标和软件指标，见表 1-3。通过对 PLC 的技术指标体系的了解，可根据具体控制工程的要求，在众多 PLC 中选取合适的 PLC。

表 1-3　PLC 技术指标

硬件指标	工作环境	一般都能在以下环境中工作：温度 0～55℃，湿度小于 85%（无凝露）
	I/O 点数	PLC 外部输入、输出端子数。这是最重要的一项技术指标
	内部寄存器	PLC 内部有许多寄存器用以存放变量状态、中间结果、数据等。寄存器的配置情况常是衡量 PLC 硬件功能的一个指标
	内存容量	一般以 PLC 所能存放用户程序多少衡量
软件指标	编程语言	PLC 常用的编程语言有梯形图语言、助记符语言及某些高级语言
	指令条数	这是衡量 PLC 软件功能强弱的主要指标。PLC 具有的指令种类越多，其软件功能越强

（续）

软件指标	扫描速度	一般以执行 1000 步指令所需时间来衡量，单位为 ms/千步
	特种功能	自诊断功能、通信联网功能、监控功能、特殊功能模块、远程 I/O 能力

知识点二 PLC、继电器控制系统、微机控制系统比较

PLC、继电器控制系统、微机控制系统三者性能、特点相比较，见表 1-4。

表 1-4 PLC、继电器控制系统、微机控制系统性能、特点的比较

项 目	PLC	继电器控制系统	微机控制系统
功能	通过执行用户程序实现各种控制	通过许多硬件继电器实现顺序控制	通过执行程序实现各种复杂控制，功能最强
修改控制内容	修改程序较简单容易	改变硬件接线逻辑、工作量大	修改程序，技术难度较大
可靠性	平均无故障工作时间长	受机械触点寿命限制	一般比 PLC 差
工作方式	顺序扫描	顺序控制	中断控制
连接方式	直接与生产设备连接	直接与生产设备连接	要设计专门的接口
环境适应性	适应一般工业生产现场环境	环境差会影响可靠性和寿命	环境要求高
抗干扰性	较好	能抗一般电磁干扰	需专门设计抗干扰措施
可维护性	较好	维修费时	技术难度较高
系统开发	设计容易、安装简单、调试周期短	工作量大、调试周期长	设计复杂、调试技术难度较大
响应速度	较快（10^{-3}s 数量级）	一般（10^{-2}s 数量级）	很快（10^{-6}s 数量级）

思考与练习

1. PLC 采用哪种工作方式？
2. 简述 PLC 的工作过程。
3. PLC 的技术指标有哪些？
4. PLC 与继电器控制系统、微机控制系统比较有哪些优点？

任务四 学习 PLC 编程语言

任务目标

1. 掌握 PLC 的梯形图语言和指令表语言。
2. 了解 PLC 的其他编程语言。
3. 学会梯形图语言和指令表语言相互转换。

任务分析

PLC 是专门为工业自动化控制而开发、研制的自动控制装置，与计算机有很大不同，PLC 编程语言直接面对生产一线的电气技术人员及操作维修人员，面向用户，因此简单易懂，易于掌握。PLC 编程语言有：梯形图、指令表、功能模块图、顺序功能流程图及结构化文本等几种常用的编程语言，如图 1-17 所示。

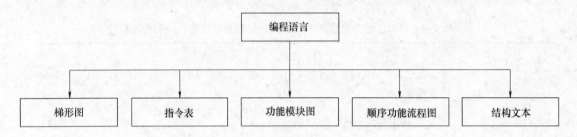

图 1-17　PLC 编程语言

相关知识

1. 梯形图语言

梯形图语言是在继电器控制原理图的基础上产生的一种直观、形象的图形逻辑编程语言。它延用继电器的触点、线圈、串并联等术语和图形符号，同时也增加了一些继电器控制系统中没有的特殊符号，以便扩充 PLC 的控制功能。

梯形图语言比较形象、直观，对于熟悉继电器表达方式的电气技术人员来说，不需要学习更深的计算机知识就可以掌握，因此在 PLC 编程语言中应用最多。图 1-18 所示是采用接触器控制的电动机起停控制电路，图 1-19 所示是采用 PLC 控制时的梯形图语言可以看出两者之间的对应关系。

图 1-18　电动机起停控制电路　　　　　　　图 1-19　梯形图语言

注意：
图 1-18 所示的电动机起停控制电路中，各个电器和触点都是真实存在的，每一个线圈一般只能带几对触点。而图 1-19 中，所有的触点线圈等都是软元件，没有实物与之对应，PLC 运行时只是执行相应的程序。因此，理论上梯形图中的线圈可以带无数多个常开触点和常闭触点。

2. 指令表语言

指令表语言就是助记符语言，它常用一些助记符来表示 PLC 的某种操作，有的厂家将指令称为语句，两条或两条以上的指令的集合叫做指令表，也称语句表。不同型号 PLC 助记符的形式不同。图 1-20 所示为图 1-19 所示的梯形图对应的指令表语言。

通常情况下，用户利用梯形图进行编程，然后再将所编程序通过编程软件或人工的方法转换成语句表输入到 PLC。

步序	助记符	器件编号
0	LD	X000
1	OR	Y000
2	ANI	X001
3	OUT	Y001

图 1-20　指令表

注意： 不同厂家生产的 PLC 所使用的助记符各不相同，因此同一梯形图写成的指令表就不相同，在将梯形图转换为助记符时，必须先弄清 PLC 的型号及内部各器件编号，使用范围和每一条助记符的使用方法。

3. 功能模块图语言

功能图编程语言实际上是用逻辑功能符号组成的功能块来表达命令的图形语言，与数字电路中的逻辑图一样，它极易表现条件与结果之间的逻辑功能。图 1-21 所示为某一控制系统的功能模块图语言。

由图 1-21 可见，这种编程方法是根据信息流将各种功能块加以组合，是一种逐步发展起来的新式的编程语言，正在受到各种 PLC 生产厂家的重视。

4. 顺序功能流程图语言

顺序功能流程图常用来编制顺序控制类程序。它包含步、动作、转换三个要素。顺序功能编程法可将一个复杂的控制过程分解为一些小的顺序控制要求连接组合成整体的控制程序。顺序功能图法体现了一种编程思想，在程序的编制中具有很重要的意义。图 1-22 所示为某一控制系统的顺序功能流程图语言。

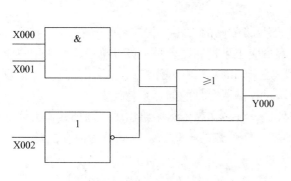

图 1-21　功能模块图语言

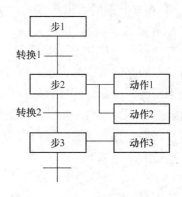

图 1-22　顺序功能流程图语言

顺序功能流程图编程语言的特点：以功能为主线，按照功能流程的顺序分配，条理清楚，便于理解用户程序；避免了梯形图或其他语言不能顺序动作的缺陷，同时也避免了用梯形图语言对顺序动作编程时，由于机械互锁造成用户程序结构复杂、难以理解的缺陷；用户程序扫描时间也大大缩短。

5. 结构化文本语言

随着 PLC 的飞速发展，如果许多高级功能还是用梯形图来表示，会很不方便。为了增强 PLC 的数字运算、数据处理、图表显示、报表打印等功能，方便用户的使用，许多大中型 PLC 都配备了 PASCAL、BASIC、C 等高级编程语言。这种编程方式叫做结构化文本编程。

结构化文本编程语言的特点：采用高级语言进行编程，可以完成较复杂的控制运算；需要有一定的计算机高级语言知识和编程技巧，对工程设计人员要求较高，直观性和操作性较差。

知识链接

PLC 的选型方法

在 PLC 系统设计时，首先应确定控制方案，下一步工作就是 PLC 工程设计选型。工艺流程的特点和应用要求是设计选型的主要依据。按照易于与工业控制系统形成一个整体，易于扩充其功能的原则选型。所选用的 PLC 应是在相关工业领域有投运业绩、成熟可靠的系统，PLC 的系统硬件、软件配置及功能应与装置的规模和控制要求相适应。工程设计选型和估算时，应详细分析工艺过程的特点、控制要求，明确控制任务和范围确定所需的操作和动作，然后根据控制要求，估算 I/O 点数、所需存储器容量、确定 PLC 的功能、外部设备特性等，最后选择有较高性能价格比的 PLC 并设计相应的控制系统。

1. I/O 点数的估算

在自动控制系统设计之初，就应该对控制点数有一个准确的统计，这往往是选择 PLC 的首要条件，在满足控制要求的前提下力争所选的 I/O 点最少。考虑到以下几方面的因素，PLC 的 I/O 点还应留有一定的备用量（10% ~ 15%）：

1）可以弥补设计过程中遗漏的点；

2）能够保证在运行过程中个别点有故障时，可以有替代点；

3）将来升级时可以扩展 I/O 点。

2. 存储器容量的估算

存储器容量是 PLC 本身能提供的硬件存储单元的大小，程序容量是存储器中用户应用项目使用的存储单元的大小，因此程序容量应小于存储器容量。设计阶段，由于用户应用程序还未编制，因此，程序容量在设计阶段是未知的，需在程序调试之后才知道。为了设计选型时能对程序容量有一定估算，通常采用对存储器容量的估算来替代。

存储器内存容量的估算没有固定的公式，许多文献资料中给出了不同公式，大体上都是按数字量 I/O 点数的 10 ~ 15 倍，加上模拟 I/O 点数的 100 倍，以此数为内存的总字数（16 位为一个字），另外再按此数的 25% 考虑余量。

3. 功能的选择

功能选择包括运算功能、控制功能、通信功能、编程功能、诊断功能和处理速度等特性的选择。

（1）运算功能　简单 PLC 的运算功能包括逻辑运算、计时和计数功能；普通 PLC 的运算功能还包括数据移位、比较等运算功能；有些还可进行代数运算、数据传送等较复杂的运算；大型 PLC 还有模拟量的 PID 运算和其他高级运算功能。随着开放系统的出现，目前在 PLC 中都已具有通信功能，有些产品可与下位机的通信，有些产品可与同位机或上位机的通信，有些产品还可与工厂或企业网进行数据通信。设计选型时应从实际应用的要求出发，合理选用所需的运算功能。大多数应用场合，只需要逻辑运算和计时计数功能，有些应用需要数据传送和比较，当用于模拟量检测和控制时，才使用代数运算，数值转换和 PID 运算等。要显示数据时需要译码和编码等运算。

（2）控制功能　控制功能包括 PID 控制运算、前馈补偿控制运算、比值控制运算等，应根据控制要求确定。PLC 主要用于顺序逻辑控制，因此，大多数场合常采用单回路或多回路控制器解决模拟量的控制，有时也采用专用的智能 I/O 单元完成所需的控制功能，提高 PLC 的处理速度和节省存储器容量。例如采用 PID 控制单元、高速计数器、带速度补偿的模拟单元、ASC 码转换单元等。

（3）通信功能　大中型 PLC 系统应支持多种现场总线和标准通信协议（如 TCP/IP），需要时应能与工厂管理网（TCP/IP）相连接。通信协议应符合 ISO/IEEE 通信标准，应是开放的通信网络。

PLC 系统的通信接口应包括串行和并行通信接口（RS232C/422A/423/485）、RIO 通信口、工业以太网、常用 DCS 接口等；大中型 PLC 通信总线（含接口设备和电缆）应 1:1 冗余配置，通信总线应符合国际标准，通信距离应满足装置实际要求。

PLC 系统的通信网络中，上级的网络通信速率应大于 1Mbit/s，通信负荷不大于 60%。PLC 系统的通信网络主要形式有下列几种形式：①PC 为主站，多台同型号 PLC 为从站，组成简易 PLC 网络；②1 台 PLC 为主站，其他同型号 PLC 为从站，构成主从式 PLC 网络；③PLC网络通过特定网络接口连接到大型 DCS 中作为 DCS 的子网；④专用 PLC 网络（各厂商的专用 PLC 通信网络）。

为减轻 CPU 的通信任务，根据网络组成的实际需要，应选择具有不同通信功能的（如点对点、现场总线、工业以太网）通信处理器。

（4）编程功能

1）离线编程方式：PLC 和编程器公用一个 CPU，编程器在编程模式时，CPU 只为编程器提供服务，不对现场设备进行控制。完成编程后，编程器切换到运行模式，CPU 对现场设备进行控制，不能进行编程。离线编程方式可降低系统成本，但使用和调试不方便。

在线编程方式：PLC 主机和编程器有各自的 CPU，主机 CPU 负责现场控制，并在一个扫描周期内与编程器进行数据交换，编程器把在线编制的程序或数据发送到主机，下一扫描周期，主机就根据新收到的程序运行。这种方式成本较高，但系统调试和操作方便，在大中型 PLC 中经常采用。

2）五种标准化编程语言：顺序功能流程图（SFC）、梯形图（LD）、功能模块图（FBD）三种图形化语言和指令表（IL）、结构化文本（ST）两种文本语言。选用的编程语言应遵守其标准（IEC6113123），同时，还应支持多种语言编程形式，如 C、Basic 等，以满足特殊控制场合的控制要求。

（5）诊断功能　PLC 的诊断功能包括硬件和软件的诊断。硬件诊断通过硬件的逻辑判断、确定硬件的故障位置，软件诊断分为内诊断和外诊断。通过软件对 PLC 内部的性能和功能进行诊断是内诊断，通过软件对 PLC 的 CPU 与外部 I/O 等部件的信息交换功能进行诊断是外诊断。

PLC 诊断功能的强弱，直接影响对操作和维护人员技术能力的要求，并影响平均维修时间。

（6）处理速度　PLC 采用扫描方式工作。从实时性要求来看，处理速度应越快越好，如果信号持续时间小于扫描时间，则 PLC 将扫描不到该信号，造成信号数据的丢失。

处理速度与用户程序的长度、CPU 处理速度、软件质量等有关。目前，PLC 接点的响应快、速度高，每条二进制指令执行时间约为 $0.2 \sim 0.4\mu s$，因此能适应控制要求高、响应要求快的应用需要。扫描周期（处理器扫描周期）应满足：小型 PLC 的扫描时间不大于 $0.5ms$/千步；大中型 PLC 的扫描时间不大于 $0.2ms$/千步。

4. 机型的选择

（1）PLC 的类型　PLC 按结构分为整体型和模块型两类，按应用环境分为现场安装和控制室安装两类；按 CPU 字长分为 1 位、4 位、8 位、16 位、32 位、64 位等。从应用角度出发，通常可按控制功能或 I/O 点数选型。

整体型 PLC 的 I/O 点数固定，因此用户选择的余地较小，主要用于小型控制系统；模块型 PLC 提供多种 I/O 卡件或插卡，因此用户可较合理地选择和配置控制系统的 I/O 点数，功能扩展方便灵活，一般用于大中型控制系统。

（2）I/O 模块的选择　I/O 模块的选择应考虑与应用要求的统一。例如对输入模块，应考虑信号电平、信号传输距离、信号隔离、信号供电方式等应用要求。对输出模块，应考虑选用的输出模块类型，通常继电器输出模块具有价格低、使用电压范围广、寿命短、响应时间长等特点；晶闸管输出模块适用于开关频繁，电感性低功率因数负荷场合，但价格较贵，过载能力较差。输出模块还有直流输出、交流输出和模拟量输出等，选择时，与应用要求应一致。

可根据应用要求，考虑是否需要扩展机架或远程 I/O 机架等；考虑是否选用智能型输入输出模块，以便提高控制水平和降低应用成本。

（3）电源的选择　PLC 的供电电源，除了引进设备时同时引进 PLC，并根据 PLC 说明书要求设计和选用外，一般 PLC 的供电电源应设计选用交流 220V 电源，与国内电网电压一致。重要的应用场合，应采用不间断电源或稳压电源供电。

如果 PLC 本身带有可使用电源时，应核对提供的电流是否满足应用要求，否则应设计外接供电电源。为防止外部高压电源因误操作而引入 PLC，对输入和输出信号的隔离是必要的，有时也可采用简单的二极管或熔丝隔离。

（4）存储器的选择　由于计算机集成芯片技术的发展，存储器的价格已下降。因此，为保证应用项目的正常投运，一般要求 PLC 的存储器容量，按 256 个 I/O 点至少选 8KB 存储器选择。需要复杂控制功能时，应选择容量更大，档次更高的存储器。

（5）经济性的考虑　选择 PLC 时，应考虑性能价格比。考虑经济性时，应同时考虑应用的可扩展性、可操作性、投入产出比等因素，进行比较和兼顾，最终选出较满意的产品。

I/O 点数对价格有直接影响。每增加一块 I/O 卡件就需增加一定的费用。当点数增加到某一数值后，相应的存储器容量、机架、母板等也要相应增加，因此，点数的增加对 CPU 选用、存储器容量、控制功能范围等选择都有影响。在估算和选用时应充分考虑，使整个控制系统有较合理的性能价格比。

思考与练习

1. PLC 的常见编程语言有哪些？
2. 为什么 PLC 中各元件的触点在理论上可以使用无穷多次？
3. 简述 PLC 的选型方法。

项目二　三相异步电动机的控制

自从1969年第一台PLC在美国问世以来，日本、法国、英国也相继研制了各自的PLC，每个国家的产品各具特色。目前世界上著名的PLC厂家很多，从本项目开始主要介绍日本三菱FX$_{2N}$系列PLC的软硬件功能、程序输入方法及应用。下面分4个任务来进行学习。

任务一　三相异步电动机的点动控制

任务目标

1. 掌握三菱FX$_{2N}$系列PLC组成原理。
2. 掌握三菱FX$_{2N}$系列PLC基本指令。
3. 能看懂一个简单梯形图。

任务分析

图2-1所示为三相异步电动机的点动控制电路，即用按钮和接触器等来控制电动机单方向运转的最简单的正转控制电路，现用PLC进行控制。

点动控制是指按下按钮，电动机就得电运转；松开按钮，电动机就失电停转。这种控制方法常用于电葫芦的起重电动机控制和车床托板箱快速移动电动机控制。

在点动控制电路中，主电路由开关QS、熔断器FU1、接触器主触点KM及电动机M组成；控制电路由熔断器FU2、起动按钮SB、接触器KM线圈组成。PLC代替继电器控制电路进行控制，主电路部分保留不变。

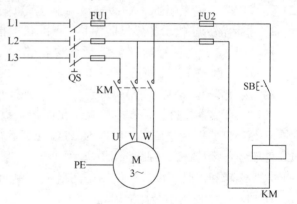

图2-1　点动控制电路

在控制电路中，起动按钮属于控制信号，应作为PLC的输入量分配接线端子；而接触器线圈属于被控对象，应作为PLC的输出量分配接线端子。对于PLC的输出端子来说，允许额定电压为220V，因此需要将原电路图中接触器的线圈电压由380V改为220V，以适应PLC的输出端子需要。

利用三菱FX2系列PLC来完成本任务。

相关知识

1. 三菱 FX$_{2N}$ 系列 PLC 简介

（1）FX$_{2N}$ 系列 PLC 硬件认识与使用　FX$_{2N}$ 系列 PLC 有单元式、模块式和叠装式三种结构形式，常用的结构形式为前两种。FX$_{2N}$ 系列为小型 PLC，采用单元式结构形式，其外形如图 2-2 所示。

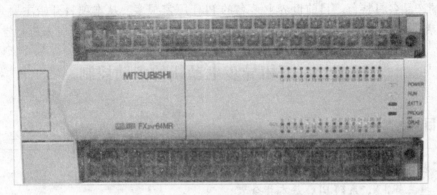

图 2-2　FX$_{2N}$ 系列 PLC 外形图

FX$_{2N}$-64MR PLC 面板由 3 部分组成，即外部端子（I/O 接线端子）部分、指示部分和接口部分，各部分的组成及功能如下。

1）外部接线端子。外部接线端子包括 PLC 电源（L、N）、接地、输入用直流电源（24 +、COM）、输入端子（X）、输出端子（Y）等。

2）指示部分。指示部分包括各 I/O 点的状态指示、电源指示（POWER）、PLC 运行状态指示（RUN）、用户程序存储器后备电池指示（BATT）和程序错误或 CPU 错误指示（PROG-E、CPU-E）等，用于反映 I/O 点和 PLC 的状态。

3）接口部分。FX$_{2N}$ 系列 PLC 有多个接口，打开接口盖或面板可以观察到。主要包括编程器接口、存储器接口、扩展接口等。在面板上设置了一个 PLC 运行模式转换开关 SW1，它有 RUN 和 STOP 两个位置，RUN 使 PLC 处于运行状态（此时 RUN 指示灯亮）；STOP 使 PLC 处于停止运行状态（此时 RUN 指示灯灭）。当 PLC 处于 STOP 状态时，可进行用户程序的录入、编辑和修改。接口的作用是完成基本单元同编程器、外部存储器和扩展单元的连接，在 PLC 技术应用中会经常用到。

（2）I/O 点的类别、编号及使用　I/O 端子是 PLC 的重要外部部件，是 PLC 与外部设备连接的通道，其数量、类别也是 PLC 的主要技术指标之一。一般 FX$_{2N}$ 系列 PLC 的输入端子（X）和输出端子（Y）分别位于 PLC 的两侧。

FX$_{2N}$ 系列 PLC 的 I/O 点数量、类别随型号不同而不同，但 I/O 点数量比例及编号规则完全相同。一般输入点与输出点的数量之比为 1:1，即输入点数等于输出点数。FX$_{2N}$ 系列 PLC 的 I/O 点编号采用八进制，即 00 ~ 07、10 ~ 17、20 ~ 27、……。输入点前面加"X"，输出点前面加"Y"，如 X10、Y20 等。扩展单元和 I/O 扩展模块的 I/O 点编号应紧接基本单元的 I/O 编号之后，依次分配编号。

2. LD、LDI、OUT 指令简介

（1）指令格式及梯形图表示方法   见表2-1。

表2-1 指令格式及梯形图表示方法

助 记 符	功　　能	梯形图图示	操作元件	程 序 步
LD	取常开触点	┤├	X, Y, M, T, C, S	1
LDI	取常闭触点	┤/├	X, Y, M, T, C, S	1
OUT	输出到线圈	─( )─	Y, M, T, C, S	1

（2）使用说明

1）LD 和 LDI 指令一方面可用于和梯形图的左母线相连，作为一个逻辑行开始，另一方面可与 ANB、ORB 指令配合使用，作为分支电路的起点。

2）OUT 指令用于把运算结果输出到线圈。注意没有输入线圈。

3）在定时器 T、计数器 C 的输出指令后，必须设定常数 K 的值。在编程时它要占用一个步序。

注意：　　　因为 PLC 是以扫描方式执行程序的，当并联双线圈（同一个线圈）输出时，只有后面的驱动有效。

3. 程序结束指令（END）简介

（1）指令格式及梯形图表示方法见表2-2。

表2-2 指令格式及梯形图表示方法

助 记 符	功　　能	LAD 图示	操作元件	程 序 步
END	程序结束	─[END]─	无	1

（2）使用说明   在程序结束处写上 END 指令，PLC 只执行第一步至 END 之间的程序，并立即输出处理。若不写 END 指令，PLC 将以用户存贮器的第一步执行到最后一步，因此，使用 END 指令可缩短扫描周期。另外。在调试程序时，可以将 END 指令插在各程序段之后，分段检查各程序段的动作，确认无误后，再依次删去插入的 END 指令。

任务实施

1. I/O 点分配

根据任务分析，对输入量、输出量进行分配，见表2-3。

表2-3 输入量、输出量分配

输入量（IN）			输出量（OUT）		
元件代号	功能	输入点	元件代号	功能	输出点
SB	起动按钮	X000	KM	接触器线圈	Y000

2. 绘制 PLC 硬件接线图

根据图 2-1 所示的控制线路图及 I/O 分配表，绘制 PLC 硬件接线图，如图 2-3 所示，以保证硬件接线操作正确。

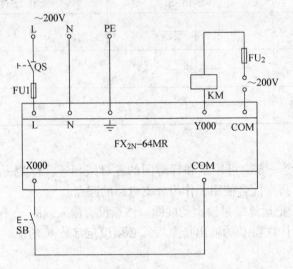

图 2-3 PLC 硬件接线图

3. 设计梯形图程序及语句表

设计梯形图程序及语句表如图 2-4 所示。

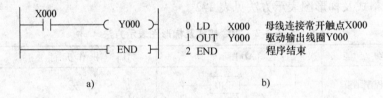

0 LD	X000	母线连接常开触点X000
1 OUT	Y000	驱动输出线圈Y000
2 END		程序结束

a)   b)

图 2-4 梯形图程序及语句表
a）梯形图 b）语句表

知识链接

知识点一 提高 PLC 可靠性的措施

PLC 的使用寿命一般在 40000~50000h 以上，西门子、ABB、松下等公司的微小型 PLC 可达 10 万小时以上，而且均有完善的自诊断功能，判断故障迅速，便于维护。PLC 为提高自身可靠性采取以下措施：

1）各输入电路均采用 RC 滤波器，其滤波时间常数一般为 10~20ms。

2）I/O 接口电路均采用光电隔离措施，使外电路信号与 PLC 内部电路之间电气隔离。

3）各模块均采用屏蔽措施，以防止电磁干扰。

4）对采用的元器件有严格的筛选措施。

5）采用性能优良的开关电源。

6）良好的自诊断功能，一旦 PLC 内部出现异常，立即报警，严重者立即停止运行。

7）大型 PLC 采用多 CPU 系统，使可靠性进一步增强。

知识点二 PLC 布线应注意的问题

PLC 布线时应注意以下几点：

1）PLC 应远离变压电源线和高压设备，不能与变压器安装在同一个控制柜内。

2）动力线、控制线以及 PLC 的电源线和 I/O 线应分开布线，并保持一定距离。隔离变压器与 PLC 和 I/O 之间应采用双绞线连接。

3）PLC 的输入线与输出线最好分开走线，传送开关量与传送模拟量的导线也要分开敷设。模拟量信号的传送应采用屏蔽线，屏蔽层应一端接地，接地电阻应小于屏蔽层电阻的 1/10。

4）PLC 基本单元与扩展单元，以及功能模块的连接线缆应单独敷设，以防止外界信号的干扰。

5）交流输出线和直流输出线不要用同一根电缆，输出线应尽量远离高压线和动力线，避免并行敷设。

技能训练

用 PLC 控制某电磁阀通断电路的设计、安装与调试

1. 准备要求

设备：一个开关，一个电磁阀 YV 及其相应的电气元器件等。

2. 控制要求

如图 2-5 所示，当接通时，电磁阀 YV 得电；反之，当开关 SB 断开时，电磁阀 YV 失电。

3. 考核要求

（1）电路设计 列出 PLC 控制 I/O 接口元器件地址分配表，设计梯形图及 PLC 控制 I/O 接线图，根据梯形图列出指令表。

（2）安装与接线

1）将所用元器件如熔断器、开关、电磁阀、PLC 等装在一块配电板上。

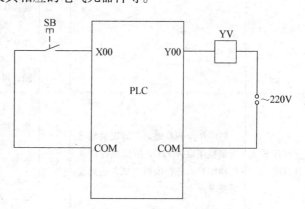

图 2-5 电磁阀控制电路

2）按照 PLC 控制 I/O 接线图在模拟配电板上接线。

（3）程序输入及调试 能操作计算机或编程器，正确地将所编程序输入 PLC，按控制要求进行模拟调试，达到设计要求。

（4）评价标准 考核要求及评分标准见表 2-4。

表 2-4　考核要求及评分标准

考核项目	考核要求	配分	评分标准	扣分	得分	备注
电路设计	根据任务，设计主电路图，列出 PLC 控制 I/O 元器件地址分配表，根据加工工艺，设计梯形图及 PLC 控制 I/O 口接线图，根据梯形图，列出指令表	15	1. 电路图设计不全或设计有错，每处扣 2 分 2. I/O 地址遗漏或搞错，每处扣 1 分 3. 梯形图表达不正确或画法不规范，每处扣 2 分 4. 接线图表达正确或画法不规范，每处扣 2 分 5. 指令有错，每条扣 2 分			
安装与接线	按 PLC 控制 I/O 口接线图在模拟配线板正确安装，元件在配线板上布置要合理，安装要准确紧固，配线导线要紧固、美观，导线要进入线槽，导线要有端子标号，引出端要有别径压端子	15	1. 元件布置不整齐、不均匀、不合理，每只扣 1 分 2. 元件安装不牢固，安装元件时漏装木螺钉，每只扣 1 分 3. 损坏元件扣 5 分 4. 电动机运行正常，如不按电路图接线，扣 1 分 5. 布线不进入线槽，不美观，主电路、控制电路每根扣 0.5 分 6. 接点松动、露铜过长、反圈、压绝缘层，标记线号不清楚、遗漏或误标，引出端无别径压端子，每处扣 0.5 分 7. 损伤导线绝缘层或线芯，每根扣 0.5 分 8. 不按 PLC 控制 I/O 接线图接线，每处扣 2 分			
程序输入及调试	熟练操作 PLC 键盘，能正确地将所编程序输入 PLC，按照被控设备的动作要求进行模拟调试，达到设计要求	55	1. 不会熟练操作 PLC 键盘输入指令，扣 2 分 2. 不会运用删除、插入、修改等命令，每项扣 2 分 3. 一次试车不成功扣 4 分；两次试车不成功扣 8 分；三次试车不成功扣 10 分			
安全生产	自觉遵守安全文明生产规范	15	1. 每违反一项规定扣 3 分 2. 发生安全事故，0 分处理 3. 漏接接地线一处扣 0.5 分			
时间	100min		提前正确完成，每 5min 加 2 分 超过规定时间，每 5min 扣 2 分			
开始时间：		结束时间：		实际时间：		
合计得分：						

思考与练习

1. 三菱 FX_{2N} 型 PLC 面板由几部分组成？各部分的作用是什么？
2. 简述三菱 FX_{2N} 型 PLC 的功能指标。
3. LD 与 LDI 指令有何区别？
4. 如何提高 PLC 的可靠性？

任务二　三相异步电动机的单向运转控制

任务目标

1. 正确使用 PLC 基本指令进行编程操作。
2. 按照编程规则正确编写简单的控制程序。
3. 掌握启动、保持、停止电路的程序设计方法。

任务分析

连续运转控制电路如图 2-6 所示，该电路可以控制电动机的连续运转，并且具有短路、过载、欠压及失压保护等功能。现用 PLC 代替继电器控制电路进行控制。

从如图 2-6 所示的控制电路可见，主电路部分由开关 QS、熔断器 FU1、接触器主触点、热继电器热元件及电动机组成，而控制电路部分由热继电器常闭触点、停止按钮 SB1、起动按钮 SB2、接触器线圈及常开触点组成。

在控制电路中，热继电器常闭触点、停止按钮、启动按钮属于控制信号，应作为 PLC 的输入

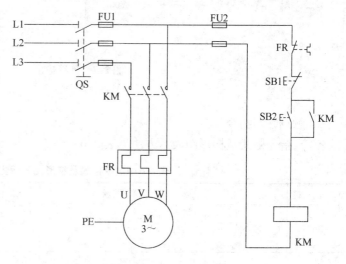

图 2-6　连续运转控制线路

量分配接线端子；而接触器线圈属于被控对象，应作为 PLC 的输出量分配接线端子。对于 PLC 的输出端子来说，允许的额定电压为 220V，因此需要将原线路图中接触器的线圈电压由 380V 改为 220V，以适应 PLC 的输出端子需要。

利用三菱 FX_{2N} 系列 PLC 来完成本任务。

相关知识

1. 触点串联指令

（1）指令格式及梯形图表示方法见表 2-5。

表 2-5　指令格式及梯形图表示方法

助 记 符	功 能	LAD 图示	操 作 元 件	程 序 步
AND	与指令	—||——||—	X，Y，M，T，C，S	1
ANI	与非指令	—||——|/|—	X，Y，M，T，C，S	1

（2）使用说明

1）AND、ANI 指令用于单个触点的串联，但串联接点的数量没有限制，这两个指令可多次重复使用；

2）在 OUT 指令后面，通过某一接点对其他线圈使用 OUT 指令，称为连续输出。

注意：

不要将连续输出的顺序弄错。如图 2-7 所示。

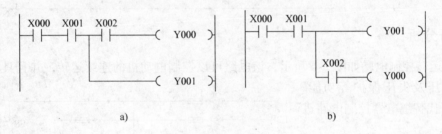

a)　　　　　　　　　　　　　　　　b)

图 2-7　连续输出

a）不合适　b）合适

2. 触点并联指令

（1）指令格式及梯形图表示方法见表 2-6。

表 2-6　指令格式及梯形图表示方法

助 记 符	功 能	LAD 图示	操 作 元 件	程 序 步
OR	或指令		X，Y，M，T，C，S	1
ORI	或非指令		X，Y，M，T，C，S	1

（2）使用说明

1）OR、ORI 指令用于单个指令并联，触点并联的数量不限；

2）这两个指令可连续使用。

3. 电路块的并联、串联指令

（1）指令格式及梯形图表示方法见表 2-7。

表2-7 指令格式及梯形图表示方法

助 记 符	功 能	LAD 图示	操作元件	程 序 步
ORB	电路块并		无	1
ANB	电路块串		无	1

（2）使用说明

1）ORB、ANB 无操作软元器件；

2）两个以上的触点串联的电路称为串联电路块；

3）将串联电路并联时，分支开始使用 LD、LDI 指令，分支结束使用 ORB 指令；

4）ORB、ANB 指令，是无操作元器件的独立指令，它们只描述电路的串并联关系；

5）有多个串联电路时，若对每个电路块使用 ORB 指令，则串联电路没有限制；

6）若多个并联电路块按顺序和前面的电路串联时，则 ANB 指令的使用次数没有限制；

7）使用 ORB、ANB 指令编程时，也可以采取 ORB、ANB 指令连续使用的方法；但只能连续使用不超过 8 次，建议不使用此法。

（3）程序举例 程序如图2-8所示。

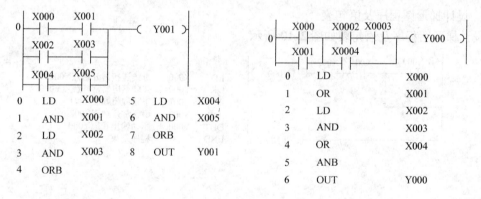

图2-8 ORB、ANB 指令应用

任务实施

1. I/O 点分配

根据任务分析，对输入量、输出量进行分配，见表2-8。

表2-8 输入量、输出量分配

输入量（IN）			输出量（OUT）		
元件代号	功 能	输 入 点	元件代号	功 能	输 出 点
SB2	起动按钮	X000	KM	接触器线圈	Y000
SB1	停止按钮	X001			
FR	热继电器常闭触点	X002			

2. 绘制 PLC 硬件接线图

根据图 2-6 所示的控制线路图及 I/O 分配表，绘制 PLC 硬件接线图，如图 2-9 所示，以保证硬件接线操作正确。

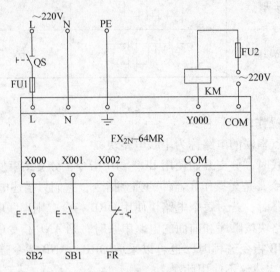

图 2-9　PLC 硬件接线图

3. 设计梯形图程序及语句表

设计梯形图程序及语句表如图 2-10 所示。

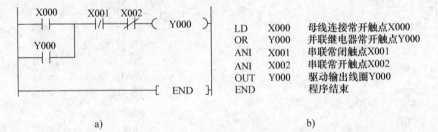

LD　　X000	母线连接常开触点X000
OR　　Y000	并联继电器常开触点Y000
ANI　　X001	串联常闭触点X001
ANI　　X002	串联常开触点X002
OUT　　Y000	驱动输出线圈Y000
END	程序结束

a)　　　　　　　　　　　　　　　　　　　　　　　b)

图 2-10　梯形图程序及语句表
a）梯形图　b）语句表

知识链接

PLC 的编程要领

1. PLC 梯形图中的各编程元器件的触点，可以反复使用，数量不限。

2. 梯形图中每一行都是从左母线开始，到右母线为止，触点在左，线圈在右，触点不能放在线圈右边。如图 2-11 所示。

3. 线圈一般不能直接与左母线相连，如图 2-12 所示。

4. 梯形图中若有多个线圈输出，则这些线圈可并联输出，但不能串联输出，如图 2-13 所示。

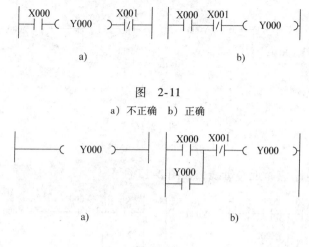

图 2-11
a）不正确 b）正确

图 2-12
a）不正确 b）正确

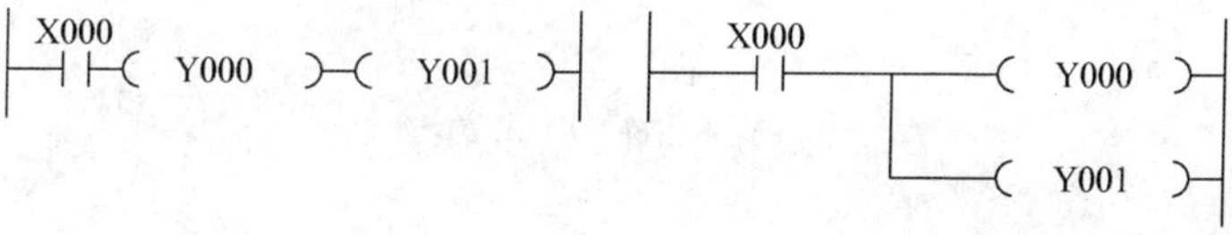

图 2-13
a）不正确 b）正确

5. 同一程序中不能出现"双线圈输出"。所谓双线圈输出是指同一程序中同一编号的线圈使用两次。双线圈输出容易引起误操作，禁止使用，如图 2-14 所示。

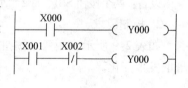

6. 梯形图中触点连接不能出现桥式连接，如图 2-15 所示。

图 2-14

7. 适当安排编程顺序，以减少程序步数。

（1）串联多的电路应尽量放在上部，如图 2-16 所示。

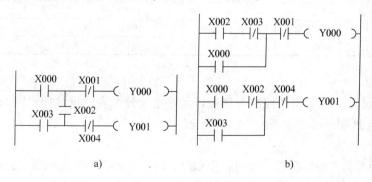

图 2-15
a）不正确 b）正确

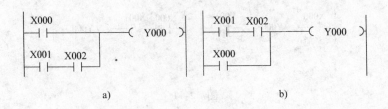

图　2-16

a）不正确　b）正确

（2）并联多的电路应靠近左母线，如图2-17所示。

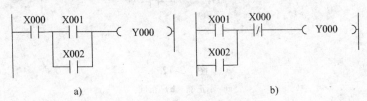

图　2-17

a）不正确　b）正确

技能训练

用 PLC 控制 4 只指示灯的设计、安装与调试

1. 准备要求

设备：两个按钮 SB1、SB2，四只指示灯 HL1、HL2、HL3、HL4 及其相应的电气元器件等。

2. 控制要求

如表 2-9 所示，用两个按钮控制 4 只指示灯，根据按钮接通、断开不同变化，灯的亮、暗也发生变化。

表 2-9　控制要求

SB1	SB2	HL1	HL2	HL3	HL4
断开	断开	灭	灭	灭	灭
断开	接通	灭	亮	灭	亮
接通	断开	亮	灭	灭	亮
接通	接通	亮	亮	亮	亮

3. 考核要求

（1）电路设计　列出 PLC 控制 I/O 接口元件地址分配表，设计梯形图及 PLC 控制 I/O 接线图，根据梯形图列出指令表。

（2）安装与接线

1）将所用元器件如熔断器、按钮、指示灯、PLC 等装在一块配线板上。

2）按照 PLC 控制 I/O 接线图在模拟配线板上接线。

（3）程序输入及调试　能操作计算机或编程器，正确地将所编程序输入 PLC，按控制要求进行模拟调试，达到设计要求。

（4）评价标准　考核要求及评分标准见表 2-10。

表 2-10　考核要求及评分标准

考核项目	考核要求	配分	评分标准	扣分	得分	备注
电路设计	根据任务，设计主电路图，列出 PLC 控制 I/O 元器件地址分配表，根据加工工艺，设计梯形图及 PLC 控制 I/O 口接线图，根据梯形图，列出指令表	15	1. 电路图设计不全或设计有错，每处扣 2 分 2. I/O 地址遗漏或搞错，每处扣 1 分 3. 梯形图表达不正确或画法不规范，每处扣 2 分 4. 接线图表达正确或画法不规范，每处扣 2 分 5. 指令有错，每条扣 2 分			
安装与接线	按 PLC 控制 I/O 口接线图在模拟配线板正确安装，元器件在配线板上布置要合理，安装要准确紧固，配线导线要紧固、美观，导线要进入线槽，导线要有端子标号，引出端要有别径压端子	15	1. 元器件布置不整齐、不均匀、不合理，每只扣 1 分 2. 元器件安装不牢固，安装元器件时漏装木螺钉，每只扣 1 分 3. 损坏元器件扣 5 分 4. 电动机运行正常，如不按电路图接线，扣 1 分 5. 布线不进入线槽，不美观，主电路、控制电路每根扣 0.5 分 6. 接点松动、露铜过长、反圈、压绝缘层，标记线号不清楚、遗漏或误标，引出端无别径压端子，每处扣 0.5 分 7. 损伤导线绝缘层或线芯，每根扣 0.5 分 8. 不按 PLC 控制 I/O 接线图接线，每处扣 2 分			
程序输入及调试	熟练操作 PLC 键盘，能正确地将所编程序输入 PLC，按照被控设备的动作要求进行模拟调试，达到设计要求	55	1. 不会熟练操作 PLC 键盘输入指令，扣 2 分 2. 不会使用删除、插入、修改等命令，每项扣 2 分 3. 一次试车不成功扣 4 分；两次试车不成功扣 8 分；三次试车不成功扣 10 分			
安全生产	自觉遵守安全文明生产规范	15	1. 每违反一项规定扣 3 分 2. 发生安全事故，0 分处理 3. 漏接接地线一处扣 0.5 分			
时间	100min		提前正确完成，每 5min 加 2 分 超过规定时间，每 5min 扣 2 分			

开始时间：　　　　　　　　　　结束时间：　　　　　　　　　　实际时间：

合计得分：

思考与练习

1. 在使用 ORB、ANB 指令时应注意哪些问题？
2. 什么是连续输出？
3. 简述 PLC 的编程要领。
4. 同一程序为什么不能出现双线圈输出？

任务三　程序的写入、调试及监控

任务目标

1. 掌握 PLC 简易编程器面板上按键的使用功能。
2. 正确使用 PLC 简易编程器进行编程操作。
3. 熟悉 PLC 简易编程器的调试、监控功能。

任务分析

程序的写入、调试及监控是通过编程器实现的。编程器是 PLC 必不可少的外部设备，它一方面对 PLC 进行编程，另一方面又能对 PLC 的工作状态进行监控。

FX 型 PLC 的简易编程器也有很多种，功能也各有差异。这里以有代表性的 FX-20P-E 简易编程器为例，介绍其结构、组成和编程操作，其外形如图 2-18 所示。

相关知识

1. 液晶显示屏

FX-20P-E 简易编程器的液晶显示屏只能同时显示 4 行，每行 16 个字符，在编程操作时，显示屏上显示的内容如图 2-19 所示。

2. 键盘

键盘由 35 个按键组成，包括功能键、指令键、元件符号键和数字键。

（1）方式选择键

$\dfrac{RD/}{WR}$：读出/写入键；

$\dfrac{INS/}{DEL}$：插入/删除键；

$\dfrac{MNT/}{TEST}$：监视/测试键。

（2）执行键

GO：用于指令的确认、执行、显示画面和检索。

（3）清除键

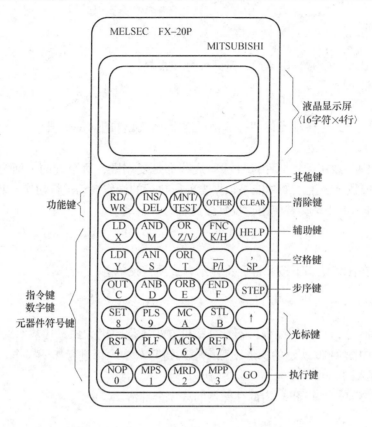

图 2-18 FX-20P-E 简易编程器

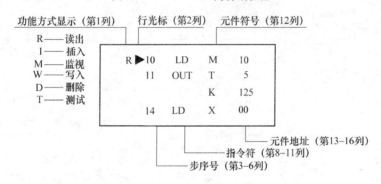

图 2-19 液晶显示屏

CLEAR ：如在按执行键前按此键，则清除键入的数据，该键也可以用于清除显示屏上的错误信息或恢复原来的画面。

（4）帮助键

HELP ：显示应用指令一览表。在监视方式下，进行十进制和十六进制的数制转换。

（5）步序键

STEP ：设定步序号。

（6）空格键

$\overset{\text{SP}}{\bigcirc}$：输入指令时，用此键指定元件号和常数。

（7）光标键

$\overset{↑}{\bigcirc}$、$\overset{↓}{\bigcirc}$：移动光标和提示符；指定当前元件的前一个或后一个地址号的元件；作行滚动。

（8）指令键、数字键和元件符号键　这些都是复用键，每个键的上面为指令符号，下面为元件符号或数字。上下的功能是根据当前所执行的操作自动进行切换，其中下面的元件符号 Z/V、K/H、P/I 是交替使用，反复按此键时，自动切换。

（9）其他键

$\overset{\text{OTHER}}{\bigcirc}$：在任何状态下按此键，将显示方式项目菜单。

任务实施

利用编程器对 PLC 进行编程，不管是联机方式还是脱机方式，其基本编程操作都相同。如要将任务二中图 2-10 所示的梯形图程序写入到 PLC 中，可进行如下操作。

1. 程序写入

写入程序之前，要将 PLC 内部存储器的程序全部清除。

步骤：

(RD/WR) → (RD/WR) → (NOP) → (A) → (GO) → (GO)

　读　　　　写　　　　　　　　　　成批写入

（1）基本指令写入

步骤：

(LD) → (X) → (0) → (GO) → (OR) → (Y) → (0) → (GO) → (ANI) → (X) →

(1) → (GO) → (AND) → (X) → (2) → (GO) → (OUT) → (Y) → (0) → (GO)

在液晶显示屏上显示如图 2-20 所示。

```
W        0    LD    X000
         1    OR    Y000
         2    ANI   X001
►        3    AND   X002
```

图 2-20　液晶屏显示

（2）修改

1）输入指令未确认前修改。如输入指令 OUT　T0　K10，欲将 K10 改为 D20。

步骤：

$$\text{OUT} \to \text{T} \to 0 \to \text{SP} \to \text{K} \to 1 \to 0 \to \text{CLEAR} \to \text{D} \to 9 \quad \text{GO}$$

2）输入指令确认后修改。如上例仍将 K10 改为 D20。

步骤：

$$\text{OUT} \to \text{T} \to 0 \to \text{SP} \to \text{K} \to 1 \to 0 \to \text{GO} \to \uparrow \to \text{D} \to 9 \to \text{GO}$$

（3）读出程序　从 PLC 的内部存储器中读出程序，可以根据步序号、指令、元件及指针等几种方式读出。在联机方式时，PLC 在运行状态时要读出指令，只能根据步序号读出。若 PLC 为停止状态时，还可以根据指令、元件以及指令读出。在联机方式中，无论 PLC 处于何种状态，4 种读出方式均可。

1）根据步序号读出。如要读出第 10 步的程序，操作如下。

步骤：

$$\text{STEP} \to 1 \to 0 \to \text{GO}$$

2）根据指令读出。如要读出指令 OUT　Y000，操作如下。

步骤：

$$\text{RD} \to \text{OUT} \to \text{Y} \to 0 \to \text{GO}$$

3）根据指针读出。如要读出 P2 的指令，操作如下。

步骤：

$$\text{RD} \to \text{P} \to 2 \to \text{GO}$$

4）根据元件读出。如要读出 Y000 的元件，操作如下。

步骤：

$$\text{RD} \to \text{SP} \to \text{Y} \to 0 \to \text{GO}$$

（4）插入程序　插入程序操作是根据步序号读出程序，在指定的位置上插入指令。如要在 5 步前插入指令 ANI　X004，操作如下。

步骤：

$$[\text{读出第10步程序}] \to \text{INS} \to \text{ANI} \to \text{X} \to 4 \to \text{GO}$$

（5）删除程序　删除程序分为逐条删除、指定范围删除和 NOP 式成批删除。

1）逐条删除。读出程序，然后逐条删除光标指定的指令。如要删除第 10 条指令，操作步骤如下：

[读出第10步程序] → (INS) → (DEL) → (GO)

2）指定范围的删除。从指定的起始步序号到终止步序号之间的程序。操作步骤如下：

(STEP) → (步序号) → (SP) → (STEP) → (步序号) → (GO)

3）NOP 式的成批删除。将程序中所有的 NOP 一起删除，操作步骤如下：

(INS) → (DEL) → (NOP) → (GO)

2. 运行监控程序

监控功能可分为监视与测控。

监视功能是通过简易编程器的显示屏监视和确认在联机方式下 PLC 的动作和控制状态。它包括元件的监视、导通检查和动作状态的监视等内容。

测控功能主要是指编程器对 PLC 的位元件触点和线圈进行强制置位和复位，以及对常数的修改。这里包括强制置位、复位，修改 T、C、Z、V 的当前值和 T、C 的设定值，文件寄存器的写入等内容。

知识链接

知识点一　怎样选择 PLC 的编程器

PLC 的编程可采用 3 种方式：

1. 用一般的手持编程器编程

这种方式只能用商家规定语句表中的语句编程，效率低，但对于系统容量小、用量小的产品比较适宜，并且手持编程器体积小、易于现场调试、造价也较低。

2. 用图形编程器编程

这种方式采用梯形图编程，方便直观，一般的电气人员短期内就可应用自如，但图形编程器价格较高。

3. 用个人计算机加 PLC 软件包编程

这种方式效率较高，但不易于现场调试。

知识点二　三菱 PLC 手持编程器的使用技巧

1. 在断电的情况下，插拔手持编程器的连接电缆。这样既能保护 PLC 和编程器又能延长其使用寿命。

2. 强制输出。在调试 PLC 程序、维修或是改装设备时，需要用到强制输出测试。其按钮流程为：按 M/T 键切换到监控状态，然后输入要强制动作的点，如 Y10，再按 M/T 键切换到强制输出状态，然后按 SET 键则表示强制输出，按 RST 键则表示强制复位。

3. 监控 PLC 状态。其按钮流程为：按 M/T 键切换到监控状态，再按 SP 键，然后选择要监控的元件，如 Y10，然后按 GO 键即可，再按上、下光标，即可查看相同类型的元件的不同状态，并可显示相关信息。如是实心方框，则表示处于接通的状态；如是空心方框，则表示此点没有接通。

4. 在 PLC 运行时，修改计时、计数值。其按钮流程为：按 M/T 键切换到监控状态，再按 SP 键，然后选择要监控的元件，如 T10，然后按 GO 键，再按 M/T 键切换到测试状态，然后连续按两次 SP 键，再输入要修改的数值，如 100 即可。

技能训练

用手持编程器输入程序

1. 准备要求

设备：手持编程器一个、PLC 及其相应的电气元件等。

2. 要求

将下面图 2-21 所示梯形图程序用手持编程器输入到 PLC，并运行。

3. 考核要求

能操作编程器，正确地将程序输入 PLC，按控制要求进行模拟调试。

思考与练习

1. PLC 编程器的作用是什么？
2. 简述 FX-20P-E 简易编程器的按键功能。
3. 怎样选择合适的 PLC 编程器。

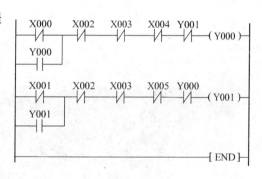

图 2-21 梯形图程序

任务四 学习编程软件

任务目标

1. 正确使用三菱编程软件 SWOPC-FXGP/WIN-C。
2. 能使用软件 SWOPC-FXGP/WIN-C 进行简单编程。
3. 理解软件 SWOPC-FXGP/WIN-C 的调试、监控功能。

任务分析

PLC 的程序输入通过手持编程器、专用编程器或计算机完成。手持编程器体积小、携带方便、在现场调试时优越性强，但在程序输入、阅读、分析时较繁锁；专用编程器价格太贵，通用性差；计算机编程在教学中优势较大，且其通讯更为方便。因此也就有了相应的在计算机平台上运行的编程软件和专用通讯模块。

三菱公司 FX 系列 PLC 编程软件名称为 fxgpwin，该编程软件对三菱 FX_0/FX_{0S}、FX_{1S}、

FX_{1N}、FX_{0N}、FX_1 FX_{2N}/FX_{2NC} 和 FX（FX_{2N}/FX_{2C}）系列 PLC 编程及其他操作。双击桌面 fxgp-win 图标或按 table 键选择到 fxgpwin 图标，即可进入编程环境。图 2-22 所示为该软件的编程窗口。

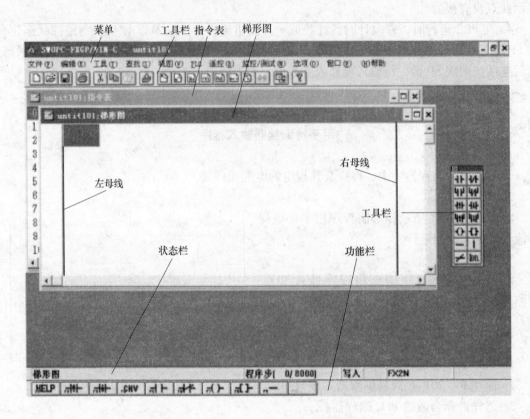

图 2-22　Fxgpwin 编程软件的编程窗口

利用 Fxgpwin 编程软件将图 2-23 所示的梯形图程序写入 PLC。

相关知识

下面介绍如何使用 Fxgpwin 编程软件进行编程。双击桌面 fxgpwin 图标进入编程环境。

1. 程序的编写

（1）进入编程环境　如图 2-24 所示。

（2）编写新程序，新建文件　如图 2-25 所示。

出现如图 2-26 所示的 PLC 选型界面。

选择好 PLC 型号后按确认键即可进入编辑界面，在该界面中可以切换梯形图、指令表等编程语言，如图 2-27 所示。

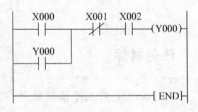

图 2-23　梯形图

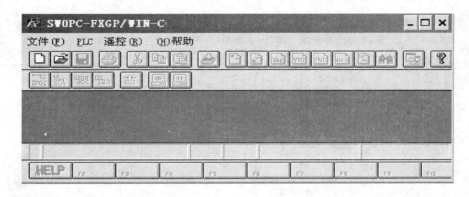

图 2-24   编程环境

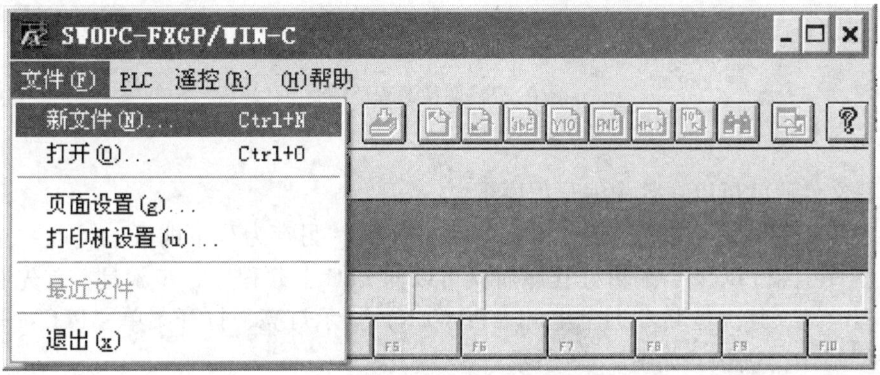

图 2-25   新建文件

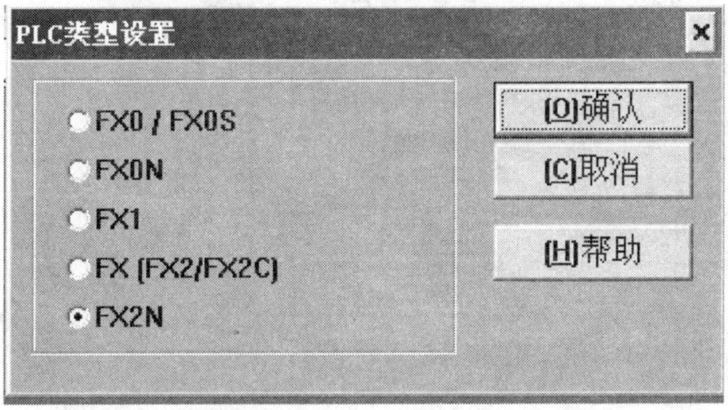

图 2-26   PLC 选型界面

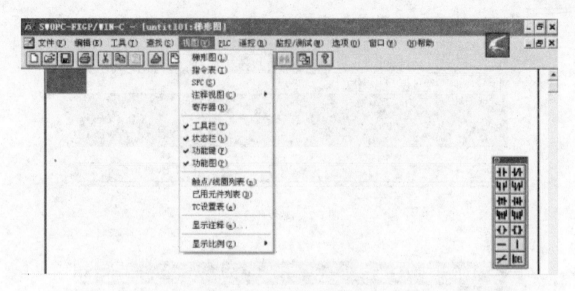

图 2-27　切换编程语言

　　建立好文件后就可以在其中编写程序了。

　　（3）程序编写好后可以保存在"文件"菜单下的"另存为"下即可。

　　（4）程序上载 PLC　当编辑好程序后就可以向 PLC 上载程序，步骤是：首先必须正确连接好编程电缆，其次是 PLC 通上电源（POWER）指示灯亮，打开菜单"PLC"——"传送"——"写出"确认，如图 2-28 所示。

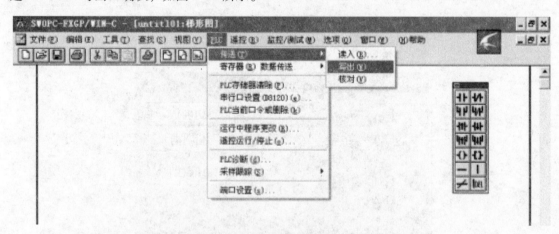

图 2-28　PLC 程序上传

　　出现程序写入步数范围选择框图，确认后出现如图 2-29 所示对话框。

　　2. 程序的检查

　　点击"选项"菜单下的"程序检查"，如图 2-30a 所示即进入程序检查环境，可检查语法错误、双线圈、电路错误，如图 2-30b 所示。

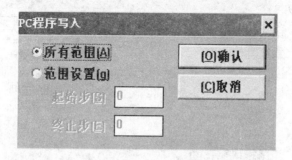

图 2-29 范围选择

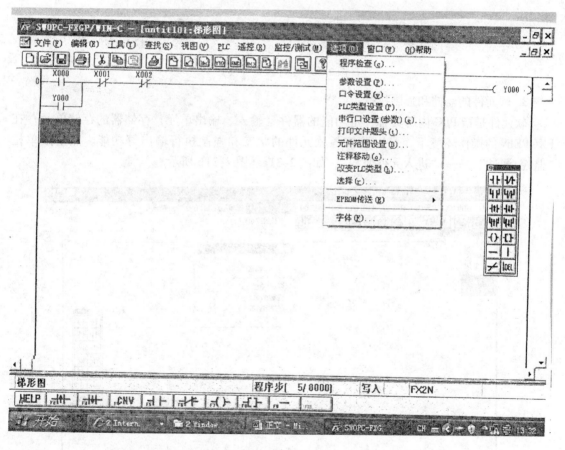

a)

图 2-30 程序检查

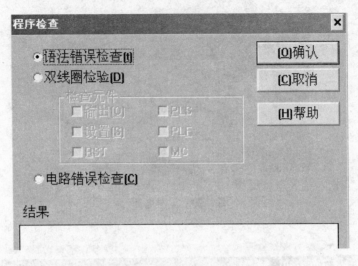

b)

图 2-30　程序检查（续）

3. 软元件的监控和强制执行

软元件是指 PLC 内部具有一定功能的器件（输入、输出单元，存储器的存储单元）在 FXGPEIN 的操作环境下，可以监控各软元件的状态和强制执行输出等功能。点击菜单栏"监控/测试"——"进入元件监控"，如图 2-31a、图 2-31b 所示。

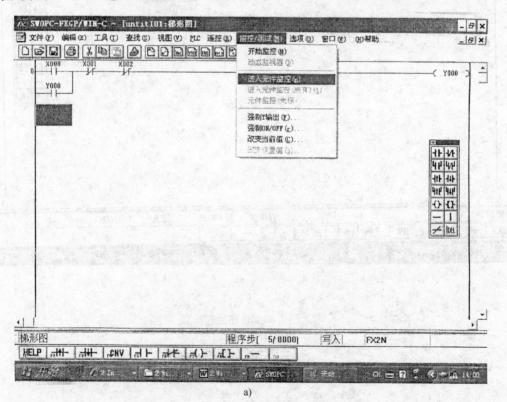

a)

图 2-31　元件监控

b)

图 2-31 元件监控（续）

点击菜单栏"监控/测试"——"强制 Y 输出"，如图 2-32 所示。

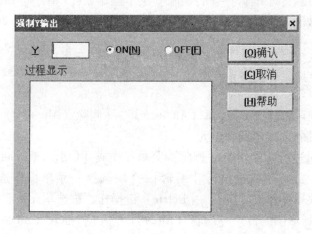

图 2-32 强制 Y 输出

4. 工具栏常用项具体操作

（1）剪切（梯形图编辑） ［编辑（Alt + E)］-［剪切（Alt + t)］。

功能：将电路块单元剪切掉。

操作方法：通过［编辑］-［块选择］菜单操作选择电路块，通过［编辑］-［剪切］菜单操作或［Ctrl］+［X］键操作，被选中的电路块被剪切掉，被剪切的数据保存在剪切板中。

如果被剪切的数据超过了剪切板的容量，剪切操作被取消。

注意：

（2）复制（梯形图编辑） ［编辑（Alt + E)］-［复制（Alt + C)］。

功能：复制电路块单元。

操作方法：通过［编辑］-［块选择］菜单操作选择电路块，在通过［编辑］-［复制］菜单操作或［Ctrl］+［C］键操作，被选中的电路块数据被保存在剪切板中。

如果被复制的数据超过了剪切板的容量，复制操作被取消。

注意：

(3) 粘贴（梯形图编辑）［编辑（Alt＋E）］－［粘贴（Alt＋P）］。

功能：粘贴电路块单元。

操作方法：通过［编辑］－［粘贴］菜单操作，或［Ctrl］＋［V］键操作，被选择的电路块被粘贴上。被粘贴上的电路块数据来自于执行剪切或复制命令时存储在剪切板上的数据。通过［编辑］－［粘贴］菜单操作或［Ctrl］＋［V］键操作，被选中的电路块被粘贴。被粘贴的数据是在执行剪切或复制操作时被保存在剪切板中的数据。

如果剪切板中的数据未被确认为电路块，剪切操作被禁止。

(4) 行删除（梯形图编辑）［编辑（Alt＋E）］－［行删除（Alt＋L）］。

功能：在行单元中删除线路块。

操作方法：通过执行［编辑］－［行删除］菜单操作或［Ctrl］＋［Delete］键盘操作，光标所在行的线路块被删除。

① 该功能在创建（更正）线路时禁用，需在完成线路变化后执行。
② 被删除的数据并未存储在剪切板中。

(5) 删除（梯形图编辑）［编辑（Alt＋E）］－［删除（Alt＋D）］。

功能：删除电路符号或电路块单元。

操作方法：通过进行［编辑］－［删除］菜单操作或［Ctrl］＋［Delete］键操作删除光标所在处的电路符号。或首先通过执行［编辑］－［块选择］菜单操作选择电路块，再通过［编辑］－［删除］菜单操作或［Ctrl］＋［Delete］键操作，被选单元被删除。

(6) 行插入（梯形图编辑）［编辑（Alt＋E）］－［行插入（Alt＋I）］。

功能：插入一行。

操作方法：通过执行［编辑］－［行插入］菜单操作，在光标位置上插入一行。

(7) 全部清除 ［工具（Alt＋T）］－［全部清除（Alt＋A）…］。

功能：清除程序区（NOP 命令）。

操作方法：点击［工具］－［全部清除］菜单，显示清除对话框，通过按［Enter］键或点击确认按钮，执行清除过程。

所清除的仅仅是程序区，而参数的设置值未被改变。

(8) 转换（梯形图编辑）［工具（Alt＋T）］－［转换（Alt＋C）］。

功能：将创建的电路图转换格式存入计算机中。

操作方法：执行［工具］－［转换］菜单操作或按［转换］按钮（F4 键），在转换过程中，显示信息电路转换中。

如果在不完成转换的情况下关闭电路窗口，被创建的电路图被抹去。

（9）梯形图监控 ［监控/测试（Alt + M）］-［开始监控（Alt + S）］。

功能：在显示屏上监视 PLC 的操作状态，从电路编辑状态转换到监视状态，同时在显示的电路图中显示 PLC 操作状态（ON/OFF）。

操作方法：激活梯形图视图，通过进行菜单操作进入［监控/测试］-［开始监控］。

注意：

在梯形图监控中，电路图中只有 ON/OFF 状态被监控。

（10）PLC 存储器清除 ［PLC］-［PLC 存储器清除（Alt +P）...］。

功能：为了初始化 PLC 中的程序及数据，以下 3 项将被清除。

［PLC 储存器］：顺控程序为 NOP，参数设置为缺省值。

［数据元件存储器］：数据文件缓冲器中数据置零。

［位元件存储器］：X，Y，M，S，T，C 的值被置零。

操作方法：执行［PLC］-［PLC 存储器清除］菜单操作，再在［PLC 存储器清除］中设置清除项。

任务实施

按照软件程序编写步骤，首先进入编程界面，如图 2-33 所示。

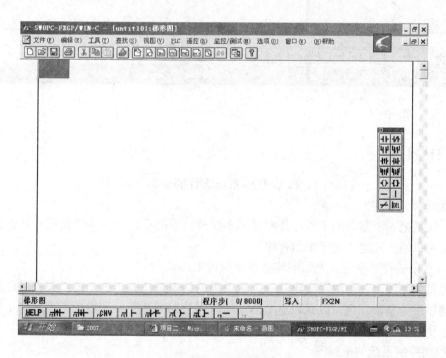

图 2-33 编程界面

然后使用工具栏输入图 2-10 所示的梯形图程序，如图 2-34 所示。

最后上传到 PLC，再执行外部设备动作。

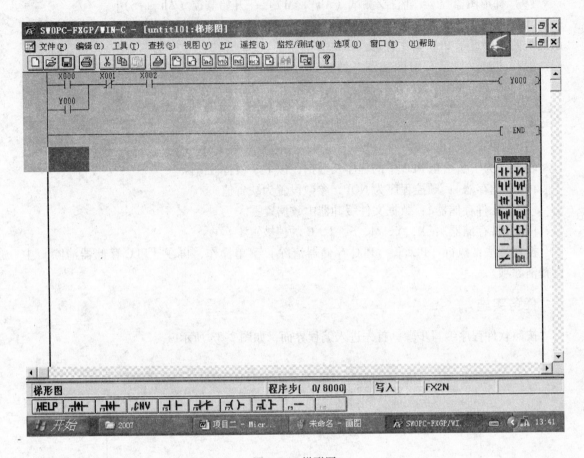

图 2-34　梯形图

知识链接

PLC 软件系统设计的步骤

1. 细化系统任务

细化就是把一个复杂的工程，分解成多个比较简单的小任务。这样就把复杂的大问题化解为多个简单的小问题，便于编制程序。

2. 对复杂的控制系统，先编制控制系统的逻辑关系图

从逻辑关系图上，可以反应出某一逻辑关系的结果是什么。这个逻辑关系可以是以各个控制活动顺序为基准，也可以是以整个活动的时间节拍为基准。逻辑关系图反映了控制过程中控制作用与被控对象的活动，也反应了输入与输出的关系。

3. 绘制控制系统的电路图

绘制电路的目的，是把系统的输入输出所设计的地址和名称联系起来，这是很关键的一步。在绘制 PLC 的输入电路时，不仅要考虑到信号的连接点是否与命名一致，还要考虑到输入端的电压和电流是否合适，也要考虑到在特殊条件下运行的可靠性与稳定条件等问题。特别要考虑到是否会把高压引入 PLC 的输入端，如果把高压引入 PLC 的输入端，将会对 PLC 造成比较大的危害。在绘制 PLC 的输出电路时，不仅要考虑到输出信号的连接点是否与命名一致，还要考虑到 PLC 输出模块的带负载能力和耐电压能力。此外，还要考虑到电源的输出功率和极性问题。在整个电路的绘制中，还要考虑努力提高其稳定性和可靠性的设计原则。虽然使用 PLC 进行控制方便、灵活。但是在电路的设计上仍然需要谨慎、全面。因此，在绘制电路图时要考虑周全，何处该装按钮，何处该装开关，都要一丝不苟。

4. 编制 PLC 程序并进行模拟调试

在绘制完电路图之后，就可以着手编制 PLC 程序了。在编程时，除了要注意程序要正确、可靠之外，还要考虑程序要简捷、省时、便于阅读、便于修改。编好一个程序块要进行模拟实验，这样便于查找问题、及时修改，最好不要在整个程序完成后一起调试。

5. 现场调试

现场调试是整个控制系统完成的重要环节。任何程序的设计很难说不经过现场调试就能使用的。只有通过现场调试才能发现控制回路和控制程序不能满足系统要求之处；发现控制电路和控制程序发生矛盾之处；才能最后实地测试和最后调整控制电路和控制程序，以适应控制系统的要求。

6. 编写技术文件

经过现场调试以后，控制电路和控制程序基本被确定了。这时就要全面整理技术文件，包括整理电路图、PLC 程序、使用说明及帮助文件等。

技能训练

用 PLC 控制两台电动机顺序执行的设计、安装与调试

1. 准备要求

设备：2 个按钮 SB1、SB2，2 台电动机 M1、M2 及其相应的电气元件等。

2. 控制要求

两台电动机相互协调运转，其动作要求时序如图 2-35 所示，M1 运转 10s，停止 5s，M2 要求与 M1 相反，M1 停止 M2 运行，M1 运行 M2 停止，如此反复动作 3 次，M1 和 M2 均停止。

3. 考核要求

（1）电路设计　列出 PLC 控制 I/O 接口元件地址分配表，设计梯形图及 PLC 控制 I/O 接线图，根据梯形图列出指令表。

（2）安装与接线

1）将所用元器件如熔断器、开关、电动机、PLC 等装在一块配线板上。

2）按照 PLC 控制 I/O 接线图在模拟配线板上接线。

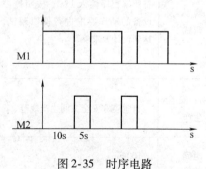

图 2-35　时序电路

（3）程序输入及调试　能操作计算机或编程器，正确地将所编程序输入 PLC，按控制要求进行模拟调试，达到设计要求。

（4）评价标准　考核要求及评分标准见表 2-11 所示。

表 2-11　考核要求及评分标准

考核项目	考核要求	配分	评分标准	扣分	得分	备注
电路设计	根据任务，设计主电路图，列出 PLC 控制 I/O（输入/输出）元件地址分配表，根据加工工艺，设计梯形图及 PLC 控制 I/O 口接线图，根据梯形图，列出指令表	15	1. 电路图设计不全或设计有错，每处扣 2 分 2. 输入输出地址遗漏或搞错，每处扣 1 分 3. 梯形图表达不正确或画法不规范，每处扣 2 分 4. 接线图表达正确或画法不规范，每处扣 2 分 5. 指令有错，每条扣 2 分			
安装与接线	按 PLC 控制 I/O 口接线图在模拟配线板正确安装，元件在配线板上布置要合理，安装要准确紧固，配线导线要紧固、美观，导线要进入线槽，导线要有端子标号，引出端要有别径压端子	15	1. 元件布置不整齐、不均匀、不合理，每只扣 1 分 2. 元件安装不牢固，安装元件时漏装木螺钉，每只扣 1 分 3. 损坏元件扣 5 分 4. 电动机运行正常，如不按电路图接线，扣 1 分 5. 布线不进入线槽，不美观，主电路、控制电路每根扣 0.5 分 6. 接点松动、露铜过长、反圈、压绝缘层，标记线号不清楚、遗漏或误标，引出端无别径压端子，每处扣 0.5 分 7. 损伤导线绝缘层或线芯，每根扣 0.5 分 8. 不按 PLC 控制 I/O 接线图接线，每处扣 2 分			
程序输入及调试	熟练操作 PLC 键盘，能正确地将所编程序输入 PLC，按照被控设备的动作要求进行模拟调试，达到设计要求	55	1. 不会熟练操作 PLC 键盘输入指令，扣 2 分 2. 不会使用删除、插入、修改等命令，每项扣 2 分 3. 一次试车不成功扣 4 分；两次试车不成功扣 8 分；三次试车不成功扣 10 分			
安全生产	自觉遵守安全文明生产规范	15	1. 每违反一项规定扣 3 分 2. 发生安全事故，0 分处理 3. 漏接接地线一处扣 0.5 分			
时间	100min		提前正确完成，每 5min 加 2 分 超过规定时间，每 5min 扣 2 分			

开始时间：			结束时间：		实际时间：	
合计得分：						

思考与练习

1. 采用哪些方式可将程序输入到 PLC 内部？
2. Fxgpwin 编程软件有哪些功能？
3. 简述 PLC 软件系统设计的步骤。

项目三　电动机基本控制电路的改造

最初，PLC 技术的引进大都运用于继电器控制电路的工程改造项目，因此本项目利用 PLC 对电动机基本控制电路进行一些改造，以利于读者对 PLC 功能的理解。下面分为 4 个任务来进行学习。

任务一　笼型电动机串电阻减压起动控制电路的改造

任务目标

1. 掌握 PLC 定时器、计数器类型及应用。
2. 正确使用 PLC 基本指令进行编程操作。
3. 能对简单继电器控制的机床电路进行 PLC 改造。

任务分析

如图 3-1 所示为笼型电动机定子绕组串电阻减压起动的控制电路，即用按钮、时间继电器和接触器等来控制电动机减压起动正转控制电路，现对其进行 PLC 改造。

定子绕组串电阻减压起动是指在电动机起动时，把电阻串接在电动机定子绕组与电源之间，通过电阻的分压作用来降低定子绕组上的起动电压。待电动机起动后，再将电阻短接，使电动机在额定电压下正常运行。

定子绕组串电阻减压起动的控制电路，主电路由开关 QS、熔断器 FU1、接触器主触点、电

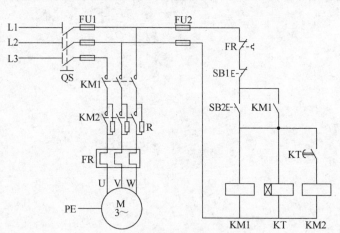

图 3-1　串电阻减压起动的控制电路图

阻、热继电器热元件及电动机组成；控制电路由熔断器 FU2、停止按钮 SB1、起动按钮 SB2、接触器辅助触点、接触器 KM 线圈、时间继电器线圈及触点，热继电器触点组成。PLC 改造主要针对控制电路进行改造，而主电路部分保留不变。

在控制电路中，停止按钮 SB1、起动按钮 SB2、热继电器触点属于控制信号，应作为 PLC 的输入量分配接线端子；而接触器线圈属于被控对象，应作为 PLC 的输出量分配接线端子。时间继电器 KT 不能作为 PLC 的输出量分配接线端子，应该利用 PLC 内部的定时器指

令实现定时功能。

利用三菱 FX$_{2N}$ 系列 PLC 来完成本任务。

相关知识

1. 定时器

定时器相当于继电器电路中的时间继电器，可在程序中作延时控制。三菱 FX$_{2N}$ 系列 PLC 定时器具有 4 种类型，见表 3-1。

表 3-1　三菱 FX$_{2N}$ 系列 PLC 的类型

类　型	时基时间/ms	定时范围/s	定时器编号
定时器（T）	100	0.1 ~ 3276.7	T0 ~ T199（200 点）
	10	0.01 ~ 327.67	T200 ~ T245（46 点）
	1（积算）	0.001 ~ 32.767	T246 ~ T249（4 点）
	100（积算）	0.1 ~ 3276.7	T250 ~ T255（6 点）

PLC 中的定时器是根据时钟脉冲累积计时的，时钟脉冲有 1ms、10ms、100ms 等不同规格（定时器的工作过程实际上是对时钟脉冲计数）。因工作需要，定时器除了占有自己编号的存储器位外，还占有一个设定值寄存器（字），一个当前值寄存器（字）。设定值寄存器（字）存储编程时赋值的计时时间的设定值。当前值寄存器记录计时时间的当前值。这些寄存器为 16 位二进制存储器。其最大值乘以定时器的计时单位值即是定时器的最大计时范围值。定时器满足计时条件开始计时，当前值寄存器则开始计数，当当前值与设定值相等时，定时器动作，使常开触点接通，常闭触点断开，并通过程序作用于控制对象，达到时间控制的目的。

注意：

定时器的记时时间都有一个最大值，如 100ms 的定时器最大记时时间为 32767.7s。如工程中所需的延时时间大于这个数值怎么办呢？一个最简单的方法是采用定时器接力方式，即先启动一个定时器记时，记时时间到时，用第一只定时器的常开触点启动第二只定时器，再使用第二只定时器启动第三只，如此等等。记住使用最后一个定时器的触点去控制最终的控制对象就可以了。

2. 计数器（C）

PLC 内部有对元件（如 X 等）信号进行计数的计数器。计数器由设定值寄存器、当前值寄存器和计数器触点组成。根据计数器的特点，计数器可分为以下几种类型，见表 3-2。

表 3-2　计数器的分类

类　型	计数范围	计数器编号
加计数器	0 ~ 32767	通用型 C0 ~ C99（100 点）
		电池后备 C100 ~ C199（100 点）
加/减计数器	0 ~ 2147483647	通用型 C200 ~ C219（20 点）
		电池后备 C220 ~ C234（15 点）
高速计数器		电池后备 C235 ~ C255（21 点）

计数器可通过常数 K 直接设定或指定数据寄存器的元件间接设定，32 位加/减计数器 C200 ~ C234 的加减计数方向由特殊辅助继电器 M8200 ~ M8234 设定，当对应的 M 接通时为减计数，断开时为加计数。

注意：　一是计数器的复位；二是当计数信号的动作频率较高时（通常为几个扫描周期/s），应采用高速计数器。

任务实施

1. I/O 点分配

根据任务分析，对输入量、输出量进行分配，见表 3-3。

表 3-3　输入量、输出量的分配

输入量（IN）			输出量（OUT）		
元 件 代 号	功 　 能	输 入 点	元 件 代 号	功 　 能	输 出 点
SB2	起动按钮	X000	KM1	接触器线圈	Y000
SB1	停止按钮	X001			
FR	热继电器常闭触点	X002	KM2	接触器线圈	Y001

2. 绘制 PLC 硬件接线图

根据图 3-1 所示的控制电路图及 I/O 分配表，绘制 PLC 硬件接线图，如图 3-2 所示，以保证硬件接线操作正确。

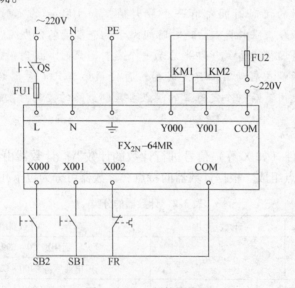

图 3-2　PLC 硬件接线图

3. 设计梯形图程序及语句表

设计梯形图程序及语句表如图 3-3 所示。

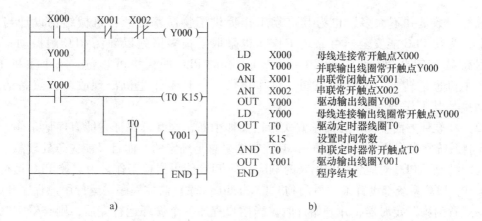

LD	X000	母线连接常开触点X000
OR	Y000	并联输出线圈常开触点Y000
ANI	X001	串联常闭触点X001
ANI	X002	串联常开触点X002
OUT	Y000	驱动输出线圈Y000
LD	Y000	母线连接输出线圈常开触点Y000
OUT	T0	驱动定时器线圈T0
	K15	设置时间常数
AND	T0	串联定时器常开触点T0
OUT	Y001	驱动输出线圈Y001
END		程序结束

a)　　　　　　　　　　　　　　　　b)

图 3-3　梯形图程序及语句表

a）梯形图　b）语句表

知识链接

知识点一　可编程控制器的特点

1. 有丰富的功能，灵活通用

PLC 的功能很丰富。这主要与它具有丰富的处理信息的指令系统及存储信息的内部器件有关。它的指令多达几十条、几百条，可进行各式各样的逻辑问题的处理，还可进行各种类型数据的运算。它的内部器件，即内存中的数据存储区，种类繁多，容量宏大。I/O 继电器，可以用以存储 I/O 点信息，少的几十、几百，多的可达几千、几万，以至十几万。它的内部各种继电器，相当于中间继电器，数量多。内存中一个位就可作为一个中间继电器，它的计数器、定时器也很多，是继电电路所望尘莫及的。而且，这些内部器件还可设置成失电保持的或失电不保持的，即通电后予以清零，以满足不同的使用要求。PLC 还有丰富的外部设备，可建立友好的人机界面，以进行信息交换。PLC 可送入程序、送入数据，也可读出程序、读出数据。PLC 还具有通信接口，可与计算机连接或联网，与计算机交换信息。PLC 自身也可联网，以形成单机所不能有的更大的、地域更广的控制系统。

2. 使用方便、维护简单

用 PLC 实现对系统的各种控制是非常方便的。首先 PLC 控制逻辑的建立是程序，用程序代替了硬件接线，更改程序比更改接线要方便得多。其次 PLC 的硬件高度集成化，已集成为各种小型化、系列化、规格化、配套的模块。各种控制系统所需的模块，PLC 厂家多有现货供应，市场上即可购得。所以，硬件系统配置与建造也非常方便。

3. 环境适应性强，可靠性高

用 PLC 实现对系统的控制是非常可靠的。这是因为 PLC 在硬件与软件两个方面都采取了很多措施来确保它能可靠工作。它的平均无故障时间可达几万小时以上；出故障后的平均修复时间也很短，几小时以至于几分钟即可。

（1）在硬件方面　PLC 的 I/O 电路与内部 CPU 是电隔离的，其信息靠光耦器件或电磁器件传递。而且，CPU 板还有抗电磁干扰的屏蔽措施，故可确保 PLC 程序的运行不受外界的电与磁干扰，能正常地工作。PLC 使用的元器件多为无触点的，而且为高度集成的，数量并不太多，也为其可靠工作提供了物质基础。在机械结构设计与制造工艺上，为使 PLC 能安全、可靠地工作，也采取了很多措施以确保 PLC 耐振动、耐冲击、耐高温（有的 PLC 可高达 80 ~ 90℃）。有的 PLC 的模块可热备，一个主机工作，另一个主机也运转，但不参与控制，仅作备份。一旦工作主机出现故障，热备的主机可自动接替其工作。

（2）在软件方面　PLC 的工作方式为扫描加中断，这既可保证它能有序地工作，避免继电控制系统常出现的"冒险竞争"，其控制结果总是确定的；而且又能应急处理急于处理的控制，保证了 PLC 对应急情况的及时响应，使 PLC 能可靠地工作。为监控 PLC 运行程序是否正常，PLC 系统都设置了"看门狗"（Watching dog）监控程序。运行用户程序开始时，先清零"看门狗"定时器，并开始计时。当用户程序一个循环运行完后，则查看定时器的计时值。若超时（一般不超过 100ms）则报警。严重超时的话，还会使 PLC 停止工作，用户可依报警信号采取相应的应急措施。定时器的计时值若不超时，则重复起始过程，PLC 将正常工作。显然，有了这个"看门狗"监控程序，可以保证 PLC 用户程序的正常运行，可避免出现"死循环"而影响其工作的可靠性。PLC 每次通电后，还都要运行自检程序及对系统进行初始化。这是系统程序配置了的，用户可不干预。出现故障时有相应的出错信号提示。

4. 经济性好

使用 PLC 的投资虽大，但它的体积小、所占空间小、辅助设施的投入少；使用时省电，运行费少；工作可靠，停工损失少；维修简单，维修费少；所以在多数情况下，是比较经济的。

<h3 style="text-align:center">知识点二　PLC 是如何实现生产过程监控的</h3>

PLC 具有自检功能，也可对控制对象进行监控。采用 PLC 定时器作"看门狗"，可对控制对象的工作情况进行监控，如 PLC 在生产过程中控制某运动机械动作时，查看施加控制后动作进行了没有，可用"看门狗"实施监控。具体做法是在施加控制的同时，令"看门狗"定时器计时，如在规定的时间内完成动作，即定时器未超过定时值情况下，已收到动作完成信号，这时说明生产过程正常，相反若"看门狗"定时器超时报警，说明工作不正常，需作相应处理。如果在生产过程的各个重要环节中，均装有"看门狗"进行实时监控，那么系统的重要环节将在 PLC 的监控下工作，一旦出现什么问题，很容易发现是哪个环节，为处理问题提供了诊断手段。

技能训练

<h3 style="text-align:center">用 PLC 控制三相异步电动机反接制动控制电路的设计、安装与调试</h3>

1. 准备要求

设备：两个按钮 SB1、SB2，一个速度继电器，一个热继电器，两个接触器 KM1、KM2，一台电动机及其相应的电气元件等。

2. 控制要求

如图 3-4 所示，反接制动是利用改变电动机定子绕组中三相电源相序，使定子绕组中的旋转磁场反向，产生与原有转向相反的电磁转矩——制动转矩，使电动机迅速停转。

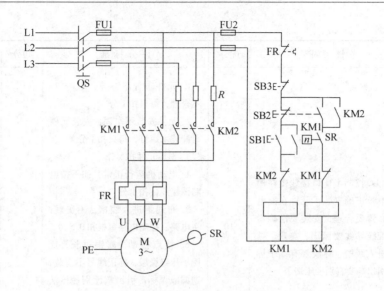

图 3-4　电动机反接制动控制电路

3. 考核要求

（1）电路设计　列出 PLC 控制 I/O 接口元件地址分配表，设计梯形图及 PLC 控制 I/O 接线图，根据梯形图列出指令表。

（2）安装与接线

1）将所用元器件如熔断器、按钮、接触器、PLC 等装在一块配电板上。

2）按照 PLC 控制 I/O 接线图在模拟配电板上接线。

（3）程序输入及调试　能操作计算机或编程器，正确地将所编程序输入 PLC，按控制要求进行模拟调试，达到设计要求。

（4）通电试验　正确使用电工工具及万用表，对电路进行仔细检查，以保证通电试验一次成功，并注意人身和设备安全。

4. 效果评价

利用 PLC 的理论知识和基本技能，按考核的要求设计或改造 PLC 控制电路，并在备料的基础上进行电路功能元器件的组合和有关技术参数调整的过程。考核要求及评分标准见表 3-4。

表 3-4　考核要求及评分标准

考核项目	考核要求	配分	评分标准	扣分	得分	备注
电路设计	根据任务，设计主电路图，列出 PLC 控制 I/O 元件地址分配表，根据加工工艺，设计梯形图及 PLC 控制 I/O 口接线图，根据梯形图，列出指令表	15	1. 电路图设计不全或设计有错，每处扣 2 分 2. I/O 地址遗漏或搞错，每处扣 1 分 3. 梯形图表达不正确或画法不规范，每处扣 2 分 4. 接线图表达正确或画法不规范，每处扣 2 分 5. 指令有错，每条扣 2 分			

（续）

考核项目	考核要求	配分	评分标准	扣分	得分	备注
安装与接线	按 PLC 控制 I/O 口接线图在模拟配电板正确安装，元件在配电板上布置要合理，安装要准确紧固，配线导线要紧固、美观，导线要进入线槽，导线要有端子标号，引出端要有别径压端子	10	1. 元件布置不整齐、不均匀、不合理，每只扣 1 分 2. 元件安装不牢固，安装元件时漏装木螺钉，每只扣 1 分 3. 损坏元件扣 5 分 4. 电动机运行正常，如不按电路图接线，扣 1 分 5. 布线不进入线槽，不美观，主电路、控制电路每根扣 0.5 分 6. 接点松动、露铜过长、反圈、压绝缘层，标记线号不清楚、遗漏或误标，引出端无别径压端子，每处扣 0.5 分 7. 损伤导线绝缘层或线芯，每根扣 0.5 分 8. 不按 PLC 控制 I/O 接线图接线，每处扣 2 分			
程序输入及调试	熟练操作 PLC 键盘，能正确地将所编程序输入 PLC，按照被控设备的动作要求进行模拟调试，达到设计要求	15	1. 不会熟练操作 PLC 键盘输入指令，扣 2 分 2. 不会使用删除、插入、修改等命令，每项扣 2 分 3. 一次试车不成功扣 4 分；两次试车不成功扣 8 分；三次试车不成功扣 10 分			
安全生产	自觉遵守安全文明生产规范		1. 每违反一项规定扣 3 分 2. 发生安全事故，0 分处理 3. 漏接接地线一处扣 0.5 分			
时间	240min		提前正确完成，每 5min 加 2 分 超过规定时间，每 5min 扣 2 分			
开始时间：			结束时间：		实际时间：	
合计得分：						

思考与练习

1. 简述 PLC 的定时器、计数器有哪些类型。
2. 在串电阻减压起动的控制电路图定时器的作用是什么？
3. 如何延长定时器指令的延时时间？

任务二　三相异步电动机Y—△减压起动控制电路的改造

任务目标

1. 掌握 PLC 内部辅助继电器的应用。
2. 掌握 PLC 基本指令的应用。
3. 了解起保停电路与使用主控、主控复位指令程序的对应关系。

任务分析

如图 3-5 所示为三相异步电动机的Y—△减压起动的控制电路，即用按钮、时间继电器、热继电器和接触器等来控制电动机减压起动正转控制电路，现对其进行 PLC 改造。

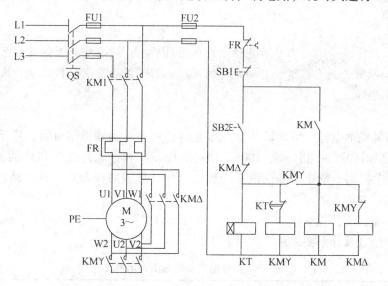

图 3-5　三相异步电动机的Y—△减压起动的控制电路

三相异步电动机的Y—△减压起动是指在电动机起动时，把电动机定子绕组接成Y，以降低定子绕组上的起动电压，限制起动电流。待电动机起动后，再将电动机定子绕组改接成△，使电动机全压运行。凡是在正常运行时定子绕组作△联结的异步电动机，均可采用这种减压起动方法。

三相异步电动机的Y—△减压起动的控制电路，主电路由开关 QS、熔断器 FU1、接触器主触点、热继电器热元件及电动机组成；控制电路由熔断器 FU2、停止按钮 SB1、起动按钮 SB2、接触器辅助触点、接触器 KM 线圈、时间继电器线圈及触点组成。PLC 改造主要针对控制电路进行改造，而主电路部分保持不变。

在控制电路中，停止按钮 SB1、起动按钮 SB2、热继电器触点属于控制信号，应作为 PLC 的输入量分配接线端子；而接触器线圈属于被控对象，应作为 PLC 的输出量分配接线端子。接触器 KM△ 和 KM Y 不能同时得电动作，否则三相电源短路。为此，电路中采用接触器常闭触点串接在对方线圈回路作电气联锁，使电路工作可靠。

利用三菱 FX$_{2N}$ 系列 PLC 来完成本任务。

相关知识

1. 进一步练习 PLC 中定时器的运用

定时器的相关知识见任务一。

2. 辅助继电器与特殊辅助继电器

PLC 中有许多辅助继电器 M，它有若干对常开触点和常闭触点，它必须由 PLC 中其他器件的触点接通驱动 M 的线圈之后，触点才能动作，这与继电器接触器控制电路中的中间继电器工作情形相似，供中间转换环节使用，所以辅助继电器有时也叫做中间继电器。但辅助继电器不能直接驱动负载，要驱动负载必须通过输出继电器才行。

（1）辅助继电器　辅助继电器又可分为通用型辅助继电器和锁存型（或保持）辅助继电器两种。通用辅助继电器编号 M0 ～ M499（500 点）；锁存型辅助继电器编号 M500 ～ M1023（524 点）。

注意： 当电源中断时由于后备锂电池能保持供电，所以锁存型辅助继电器能够保持它们原来的状态。这就是锁存型辅助继电器可用于要求保持断电前状态那种场合的原因所在。

（2）特殊辅助继电器　特殊辅助继电器有时也称为专用辅助继电器，用于表示 PLC 的某些状态，提供时钟脉冲（10ms，100ms，1s 和 1min）和标志，设定 PLC 的运行方式，或者用于步进顺序控制、禁止中断、设定计数器是加计数或减计数等。特殊辅助继电器编号 M8000 ～ M8255（256 点）。

3. 主控、主控复位指令

（1）指令格式及梯形图表示方法见表 3-5。

表 3-5　指令格式及梯形图表示方法

助记符	功能	LAD 图示	操作元件	程序步
MC	主控电路块起点	─┤├─ MC N Y,M ─ ⊤ Y,M	Y, M	3
MCR	主控电路块终点	─┤├─ MCR N ─	Y, M	2

（2）使用说明

1）主控、主控复位指令可以使梯形图程序中指定部分的所有逻辑有效或无效。

注意： 当输入条件断开时，对于积算定时器、计数器、用 SET/RST 指令驱动的元件保持当前状态。

2）主控指令 MC 将它操作的触点接到主母线上后形成新母线，在新母线支路开始时用 LD 或 LDI 操作。

3）主控指令可以嵌套使用。MC 和 MCR 成对使用。

4）特殊功能辅助寄存器不能用做指令的操作元件。

（3）程序举例 如图 3-6 所示。

4. 堆栈操作（多重输出）指令

MPS：进栈指令

MRD：读栈指令

MPP：出栈指令

使用说明：

1）这三条指令是无操作器件指令，都是一个步序长，这组指令用于多路输出。

2）堆栈是存储器中的一部分存储区域，用来保护逻辑运算的中间结果。

3）使用进栈指令 MPS 时，当时的运算结果压入栈的第一层，栈中原来的数据依次向下一层推移。

4）使用出栈指令 MPP 时，各层的数据依次向上移动一层。

5）MRD 是最上层所存数据的读出专用指令。读出时，栈内数据不发生移动。

6）MPS 和 MPP 指令必须成对使用。

程序举例：如图 3-7 所示。

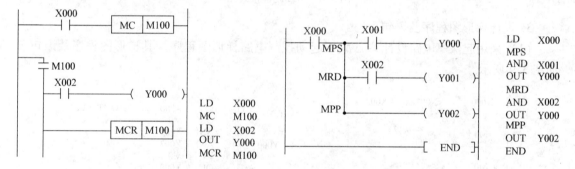

图 3-6 主控、主控复位指令应用   图 3-7 堆栈操作指令指令应用

任务实施

1. I/O 点分配

根据任务分析，对输入量、输出量进行分配，见表 3-6。

表 3-6 输入量、输出量的分配

输入量（IN）			输出量（OUT）		
元件代号	功　能	输　入　点	元件代号	功　能	输　出　点
SB2	起动按钮	X000	KM	接触器线圈	Y000
SB1	停止按钮	X001	KM丫	接触器线圈	Y001
FR	热继电器常闭触点	X002	KM△	接触器线圈	Y002

2. 绘制 PLC 硬件接线图

根据图 3-5 所示的控制线路图及 I/O 分配表，绘制 PLC 硬件接线图，如图 3-8 所示，以保证硬件接线操作正确。

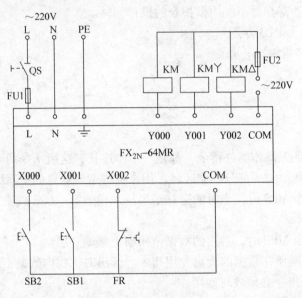

图 3-8 PLC 硬件接线图

3. 设计梯形图程序及语句表

（1）采用起保停电路设计丫-△减压起动控制电路梯形图程序 其梯形图程序及语句表如图 3-9 所示。

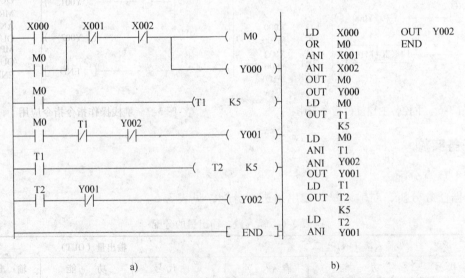

图 3-9 梯形图程序及语句表
a) 梯形图 b) 语句表

（2）采用主控、主控复位指令设计梯形图程序 其梯形图程序及语句表如图 3-10 所示。

a)

```
LD    X000
OR    M100
ANI   X001
ANI   X002
MC    M100
LDI   T1
ANI   Y002
OUT   Y001
LD    Y001
OR    Y000
OUT   Y000
LDT   Y002
OUT   T1
      K5
LDT   Y001
OUT   Y002
MCR   M100
END
```

b)

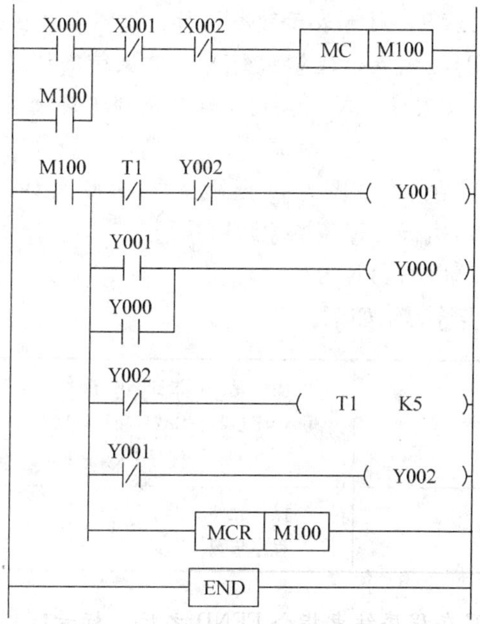

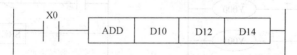

图 3-10　梯形图程序及语句表

a）梯形图　b）语句表

知识链接

FX_{2N}系列 PLC 功能简介

FX_{2N}系列 PLC 除了基本指令、步进指令外，还有丰富的功能指令或称应用指令。FX_{2N}系列 PLC 功能指令格式采用梯形图和指令助记符相结合的形式，例如：

这是一条加法指令，功能是当 X0 接通时，将 D10 的内容与 D12 的内容相加，所得的和放到 D14 中。D10 和 D12 是源操作，D14 是目标操作数，X0 是执行条件。下面介绍部分功能指令。

程序流程指令（FNC00 ~ FNC09）

1. 条件跳转指令（FNC00）

指令的操作元件及程序步等表示如下：

CJ　FNC00 （P）（16） 条件跳转	操作元件：指针 P0 ~ P63 程序步数：CJ 和 CJ（P）…3 步 标号 PXX…1 步

说明：助记符 CJ（P）后面的（P）符号表示脉冲执行，该指令只在执行条件由 OFF 变为 ON 时执行。如 CJ 指令后无（P），则表示连续执行，只要执行条件为 ON 状态，那么该指令在每个扫描周期都被重复执行。条件跳转指令用于在某条件下跳过某一部分程序，以减少扫描时间。

（2）举例　条件跳转指令的使用说明如图 3-11 所示。当 X000 为 ON 时，程序跳到标号 P10 处。如果 X000 为 OFF，跳转不执行，程序按原顺序执行。

2. 子程序调用与返回指令（FNC01、FNC02）

（1）指令的操作元件及程序步等表示如下：

CALL　FNC01 　（P）（16） 子程序调用	操作元件：指针 P0 ~ P62 程序步数：CALL 和 CALL（P）…3 步 标号 Pxx…1 步
SRET　FNC02 子程序返回	操作元件：无 程序步数：1 步

说明：调用子程序的标号应写在程序结束指令 FEND 之后。标号范围为 P0 ~ P62，同一标号不能重复使用（同一程序）。

（2）举例　子程序调用与返回指令的使用说明如图 3-12 所示。

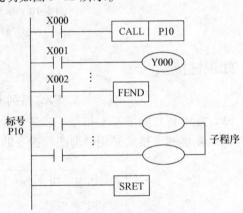

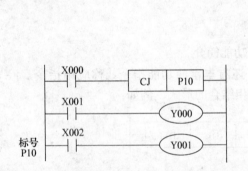

图 3-11　CJ 指令的使用　　　　图 3-12　子程序调用与返回指令的使用

3. 中断（FNC03、FNC04、FNC05）

（1）指令的操作元件及程序步等表示如下：

IRET　FNC03 中断返回	操作元件：无 程序步数：1 步
EI　FNC04 允许中断	操作元件：无 程序步数：1 步
DI　FNC05 禁止中断	操作元件：无 程序步数：1 步

说明：允许中断指令 EI 和禁止中断指令 DI 之间的程序段为允许中断区间。当程序处理到该区间并出现中断信号时，停止执行主程序，去执行相应的中断子程序。处理到中断返回指令 IRET 时返回断点，继续执行主程序。

（2）举例　中断指令的使用说明如图 3-13 所示。

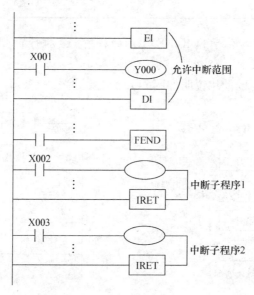

图 3-13　中断指令的使用

4. 主程序结束指令（FNC06）

指令的操作元件及程序步等表示如下：

FEND　FNC06 主程序结束	操作元件：无 程序步数：1 步

说明：FEND 指令表示主程序结束。程序执行到 FEND 时，进行输出处理、输入处理、监视定时器刷新，完成以后返回第 0 步。子程序及中断程序必须写在 FEND 指令与 END 指令之间。如图 3-12 所示。

5. 警戒时钟指令（FNC07）

（1）指令的操作元件及程序步等表示如下：

WDT　FNC07 监视定时器	操作元件：无 程序步数：1 步

说明：警戒时钟 WDT 指令是用来对监视定时器刷新的，如果扫描时间（0 ~ END 及 FEND 指令执行时间）超过监视定时器设定时间，PLC 将报警并停止运行。

（2）举例　警戒时钟指令的使用说明如图 3-14 所示。

6. 循环指令（FNC08、FNC09）

（1）指令的操作元件及程序步等表示如下：

FOR FNC08 (16) 循环开始指令	操作元件：K、H、KnX、KnY、KnM、KnS、T、C、D 等
	程序步数：3 步
NEXT FNC09 循环结束指令	操作元件：无
	程序步数：1 步

说明：在程序运行时，位于 FOR-NEXT 间的程序重复执行 n 次（由操作元件指定）后，再执行 NEXT 指令后的程序。

（2）举例　循环指令的使用说明如图 3-15 所示。

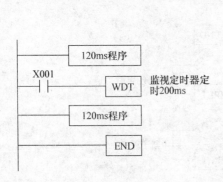
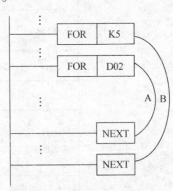

图 3-14　WDT 指令的使用　　　图 3-15　FOR、NEXT 指令的使用

技能训练

用 PLC 控制三相异步电动机延边三角形减压起动自动控制电路的设计、安装与调试

1. 准备要求

设备：两个按钮 SB1、SB2，一个速度继电器，一个热继电器，一个时间继电器，三个接触器 KM1、KM2、KM3，一台电动机及其相应的电气元器件等。

2. 控制要求

如图 3-16 所示，可将电动机定子绕组接成延边三角形，以便进行减压起动。在起动结束后，再换成三角形联结，投入全电压正常运行。

3. 考核要求

（1）电路设计　列出 PLC 控制 I/O 接口元件地址分配表，设计梯形图及 PLC 控制 I/O 接线图，根据梯形图列出指令表。

（2）安装与接线

1）将所用元器件如熔断器、按钮、接触器、PLC 等装在一块配电板上。

2）按照 PLC 控制 I/O 接线图在模拟配电板上接线。

（3）程序输入及调试　能熟练操作计算机或编程器，正确地将所编程序输入 PLC，按控制要求进行模拟调试，达到设计要求。

（4）通电试验　正确使用电工工具及万用表，对电路进行仔细检查，以保证通电试验一次成功，并注意人身和设备安全。

4. 效果评价

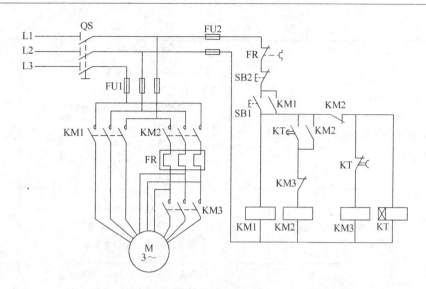

图 3-16 电动机延边三角形减压起动自动控制电路

利用 PLC 的理论知识和基本技能，按考核的要求设计或改造 PLC 控制电路，并在备料的基础上进行电路功能元器件的组合和有关技术参数调整的过程。考核要求及评分标准见表 3-7。

表 3-7 考核要求及评分标准

考核项目	考核要求	配分	评分标准	扣分	得分	备注
电路设计	根据任务，设计主电路图，列出 PLC 控制 I/O 元件地址分配表，根据加工工艺，设计梯形图及 PLC 控制 I/O 口接线图，根据梯形图，列出指令表	15	1. 电路图设计不全或设计有错，每处扣 2 分 2. I/O 地址遗漏或搞错，每处扣 1 分 3. 梯形图表达不正确或画法不规范，每处扣 2 分 4. 接线图表达正确或画法不规范，每处扣 2 分 5. 指令有错，每条扣 2 分			
安装与接线	按 PLC 控制 I/O 口接线图在模拟配电板正确安装，元件在配电板上布置要合理，安装要准确紧固，配线导线要紧固、美观，导线要进入线槽，导线要有端子标号，引出端要有别径压端子	10	1. 元件布置不整齐、不均匀、不合理，每只扣 1 分 2. 元件安装不牢固，安装元件时漏装木螺钉，每只扣 1 分 3. 损坏元件扣 5 分 4. 电动机运行正常，如不按电路图接线，扣 1 分 5. 布线不进入线槽，不美观，主电路、控制电路每根扣 0.5 分 6. 接点松动、露铜过长、反圈、压绝缘层，标记线号不清楚、遗漏或误标，引出端无别径压端子，每处扣 0.5 分 7. 损伤导线绝缘层或线芯，每根扣 0.5 分 8. 不按 PLC 控制 I/O 接线图接线，每处扣 2 分			

（续）

考核项目	考核要求	配分	评分标准	扣分	得分	备注
程序输入及调试	熟练操作 PLC 键盘，能正确地将所编程序输入 PLC，按照被控设备的动作要求进行模拟调试，达到设计要求	15	1. 不会熟练操作 PLC 键盘输入指令，扣 2 分 2. 不会使用删除、插入、修改等命令，每项扣 2 分 3. 一次试车不成功扣 4 分；两次试车不成功扣 8 分；三次试车不成功扣 10 分			
安全生产	自觉遵守安全文明生产规范		1. 每违反一项规定扣 3 分 2. 发生安全事故，0 分处理 3. 漏接接地线一处扣 0.5 分			
时间	240min		提前正确完成，每 5min 加 2 分 超过规定时间，每 5min 扣 2 分			
开始时间：		结束时间：		实际时间：		
合计得分：						

思考与练习

1.丫—△减压起动的控制电路中接触器 KM△和 KM丫为什么不能同时得电动作？
2. FX$_{2N}$型 PLC 的内部辅助继电器共有多少个？它们各有什么用途？
3. 使用主控、主控复位指令应注意哪些问题？
4. 编写程序的方法是否是唯一的？

任务三　三相异步电动机正反转控制电路的改造

任务目标

1. 熟练应用置位、复位指令编写控制程序。
2. 熟练应用 PLC 改造三相异步电动机的正反转控制的电路。
3. 了解起保停电路与使用置位、复位指令程序的对应关系。

任务分析

如图 3-17 所示为三相异步电动机的正反转控制的电路，即用按钮、热继电器和接触器等来控制电动机正反转的控制电路，接触器 KM1、KM2 不能同时得电动作，否则三相电源短路。为此，电路中采用接触器常闭触点串接在对方线圈回路作为电气联锁，使电路工作可靠。采用按钮 SB1、SB2 的常闭触点，目的是为了让电动机正反转直接切换，操作方便。这些控制要求都应在梯形图程序中给以体现。

1. 正转控制

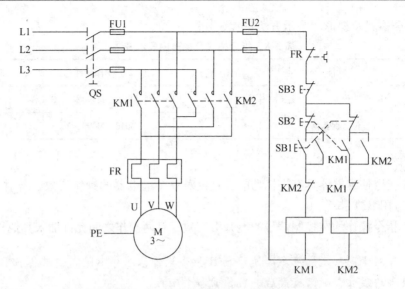

图 3-17 三相异步电动机的正反转控制的电路

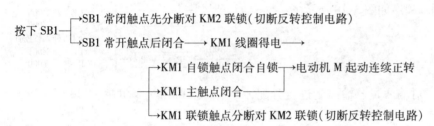

2. 反转控制

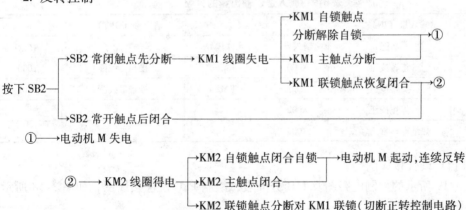

①——→电动机 M 失电

②——→ KM2 线圈得电——→ ┌→ KM2 自锁触点闭合自锁——→电动机 M 起动,连续反转
├→ KM2 主触点闭合
└→ KM2 联锁触点分断对 KM1 联锁(切断正转控制电路)

若要停止,按下 SB3,整个控制电路失电,主触点分断,电动机 M 失电停转。

在控制电路中,正转按钮 SB1、反转按钮 SB2、停止按钮 SB3、热继电器触点属于控制信号,应作为 PLC 的输入量分配接线端子;而接触器线圈属于被控对象,应作为 PLC 的输出量分配接线端子。现对其进行 PLC 改造。

利用三菱 FX$_{2N}$ 系列 PLC 来完成本任务。

相关知识

置位、复位指令

（1）指令格式及梯形图表示方法见表 3-8。

表 3-8　指令格式及梯形图表示方法

助记符	功能	LAD 图示	操作元件	程序步
S	置位并保持	─┤├──[S]──	M010 ~ M490，Y，S	1 ~ 2
R	复位并保持清零	─┤├──[R]──	M010 ~ M490，Y，S	1 ~ 3

（2）使用说明

1）S/R 指令使继电器具有记忆功能，且仅对单个继电器的操作有效，若对多位数据执行操作时，应用 RST 指令。

2）S/R 指令操作均在控制信号的上升沿有效，且两操作之间允许插入其他程序；

注意：

　　对于同一元件可多次使用 S/R 指令操作，顺序不限。但若各 S/R 指令操作条件均成立，则只有最后一次 S/R 操作有效。

（3）程序举例　程序如图 3-18 所示。

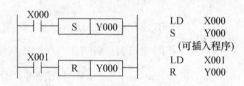

任务实施

1. I/O 点分配

根据任务分析，对输入量、输出量进行分配，见表 3-9 所示。

图 3-18　S/R 指令应用

表 3-9　输入量、输出量的分配

输入量（IN）			输出量（OUT）		
元件代号	功能	输入点	元件代号	功能	输出点
SB1	正转按钮	X000	KM1	接触器线圈	Y000
SB2	反转按钮	X001	KM2	接触器线圈	Y001
SB3	停止按钮	X002			
FR	热继电器常闭触点	X003			

2. 绘制 PLC 硬件接线图

根据图 3-19 所示的控制电路图及 I/O 分配表，绘制 PLC 硬件接线图，如图 3-18 所示，以保证硬件接线的操作正确。

3. 设计梯形图程序及语句表

（1）采用起保停电路设计正反转控制电路梯形图程序　其梯形图程序及语句表如图 3-20 所示。

（2）采用 S、R 指令设计梯形图程序　其梯形图程序及语句表如图 3-21 所示。

知识链接

FX₂ₙ 系列 PLC 功能简介（续）

传送与比较指令（FNC10 ~ FNC19）

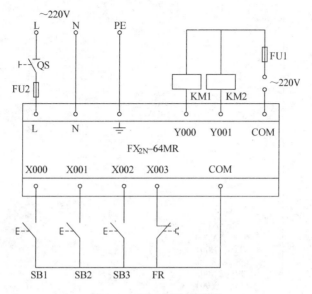

图 3-19　PLC 硬件接线图

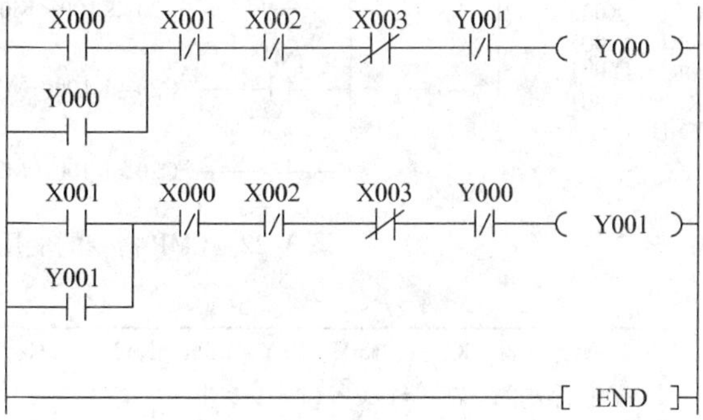

LD	X000
OR	Y000
ANI	X001
ANI	X002
ANI	X003
ANI	Y001
OUT	Y000
LD	X001
OR	Y001
ANI	X000
ANI	X002
ANI	X003
ANI	Y000
OUT	Y001
END	

图 3-20　梯形图程序及语句表

a）梯形图　b）语句表

1. 比较指令（FNC10）

（1）指令的操作元件及程序步等表示如下：

CMP　FNC10	操作元件：K、H、KnX、KnY、KnM、KnS、T、C、D 等
（P）　（16/32）	程序步数：CMP 和 CMP（P）…7 步
比较	（D）CMP 和（D）CMP（P）…13 步

说明：比较指令 CMP 是将源操作数进行比较，再将所得结果送到目标操作数。

（2）举例　比较指令的使用说明如图 3-22 所示。

2. 区域比较指令（FNC11）

（1）指令的操作元件及程序步等表示如下：

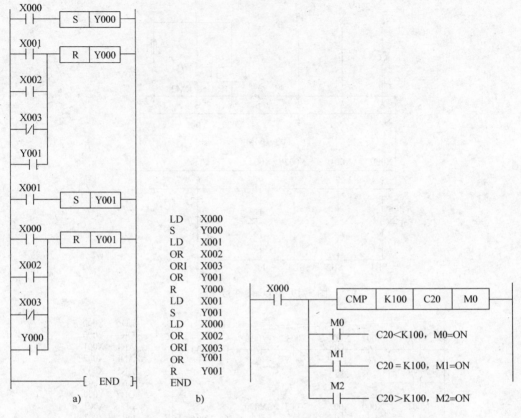

图 3-21 梯形图程序及语句表
a) 梯形图 b) 语句表

图 3-22 CMP 指令的使用

ZCP FNC11	操作元件：K、H、KnX、KnY、KnM、KnS、T、C、D 等
（P） （16/32）	程序步数：ZCP 和 ZCP（P）…9 步
区域比较	（D）ZCP 和（D）ZCP（P）…17 步

说明：区域比较指令 ZCP 是将一个数据与两个源操作数进行比较，再将所得结果送到目标操作数。

（2）举例 区域比较指令的使用说明如图 3-23 所示。

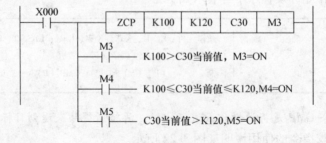

图 3-23 ZCP 指令的使用

3. 传送指令（FNC12）

（1）指令的操作元件及程序步等表示如下：

MOV FNC12	操作元件：K、H、KnX、KnY、KnM、KnS、T、C、D 等
（P） （16/32）	程序步数：MOV 和 MOV（P）…5 步
传送	（D）MOV 和（D）MOV（P）…9 步

说明：传送指令 MOV 是将源操作数传送到指定的目标。

（2）举例 传送指令的使用说明如图 3-24 所示。

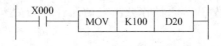

图 3-24 传送指令 MOV 的使用

4. 移位传送指令（FNC13）

（1）指令的操作元件及程序步等表示如下：

SMOV FNC13	操作元件：K、H、KnX、KnY、KnM、KnS、T、C、D 等
（P） （16/32）	程序步数：MOV 和 MOV（P）…11 步
移位传送	

说明：移位传送指令 SMOV 是将数据重新分配或组合。

（2）举例 移位传送指令的使用说明如图 3-25 所示。

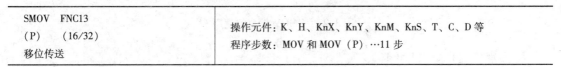

图 3-25 移位传送指令的使用

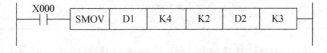

首先将源操作数元件 D1 中的数据（二进制）转换成 BCD 码，右起第 4 位（K4）开始的 2 位（K2）移到目标 D2 的第 3 位（K3）和第 2 位。

5. 取反传送指令（FNC14）

（1）指令的操作元件及程序步等表示如下：

CML FNC14	操作元件：K、H、KnX、KnY、KnM、KnS、T、C、D 等
（P） （16/32）	程序步数：CML 和 CML（P）…5 步
取反传送	（D）CML 和（D）CML（P）…9 步

说明：取反传送指令 CML 是源操作数取反并传送到目标。

（2）举例 取反传送指令的使用说明如图 3-26 所示。

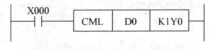

图 3-26 取反传送指令的使用

6. 块传送指令（FNC15）

（1）指令的操作元件及程序步等表示如下：

BMOV　FNC15 （P）　　（16/32） 块传送	操作元件：K、H、KnX、KnY、KnM、KnS、T、C、D 等 程序步数：BMOV 和 BMOV（P）…7 步

说明：块传送指令 BMOV 是从源操作数指定的元件开始的 n 个数组成的数据块传送到指定的目标。

（2）举例　块传送指令的使用说明如图 3-27 所示。

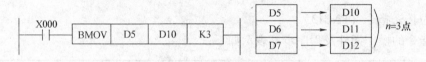

图 3-27　BMOV 指令的使用

7. 多点传送指令（FNC16）

（1）指令的操作元件及程序步等表示如下：

FMOV　FNC16 （P）　　（16/32） 多点传送	操作元件：K、H、KnX、KnY、KnM、KnS、T、C、D 等 程序步数：FMOV 和 FMOV（P）…7 步

说明：多点传送指令 FMOV 是将源元件中的数据传送到指定目标开始的 n 个元件中。

（2）举例　多点传送指令的使用说明如图 3-28 所示。

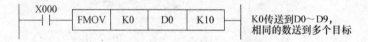

图 3-28　多点传送指令的使用

8. 数据交换指令（FNC17）

（1）指令的操作元件及程序步等表示如下：

XCH　FNC17 （P）　　（16/32） 交换	操作元件：K、H、KnX、KnY、KnM、KnS、T、C、D 等 程序步数：XCH 和 XCH（P）…5 步 　　　　　（D）XCH 和（D）XCH（P）…9 步

说明：数据交换指令 XCH 是将数据在指定的目标元件之间交换。

（2）举例　数据交换指令的使用说明如图 3-29 所示。

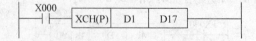

图 3-29　数据交换指令的使用

9. BCD 变换指令（FNC18）

（1）指令的操作元件及程序步等表示如下：

BCD FNC18 （P）（16/32） 二进制变换成 BCD 码	操作元件：K、H、KnX、KnY、KnM、KnS、T、C、D 等 程序步数：BCD 和 BCD（P）…5 步 （D）BCD 和（D）BCD（P）…9 步

说明：BCD 变换指令是将源元件中的二进制数据转换成 BCD 码送到目标元件中。BCD 变换指令可用于将 PLC 中的二进制数据变换成 BCD 码输出以驱动七段显示。

（2）举例 BCD 变换指令的使用说明如图 3-30 所示。

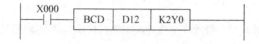

图 3-30 BCD 变换指令的使用

当 X0 = ON 时，源元件 D12 中的二进制变换成 BCD 码送到 Y0 ~ Y7 的目标元件中去。

10. BIN 变换指令（FNC19）

（1）指令的操作元件及程序步等表示如下：

BIN FNC19 （P）（16/32） BIN 变换	操作元件：KnX、KnY、KnM、KnS、T、C、D 等 程序步数：BIN 和 BINBCD（P）…5 步 （D）BIN 和（D）BIN（P）…9 步

说明：BIN 变换指令是将源元件中的 BCD 码转换成二进制数据送到目标元件中。

（2）举例 BIN 变换指令的使用说明如图 3-31 所示。

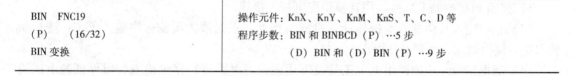

图 3-31 BIN 变换指令的使用

技能训练

用 PLC 控制绕线式交流异步电动机自动起动控制电路的设计、安装与调试

1. 准备要求

设备：两个按钮 SB1、SB2，一个热继电器，三个时间继电器，三个接触器 KM1、KM2，一台电动机及其相应的电气元器件等。

2. 控制要求

如图 3-32 所示，利用串电阻减压原理，电动机起动时，依次利用时间继电器 KT1、KT2、KT2 和接触器 KM1、KM2、KM3，依次短接 R1、R2、R3，起动结束，电动机进入正常运行状态。

82 PLC与变频器项目教程

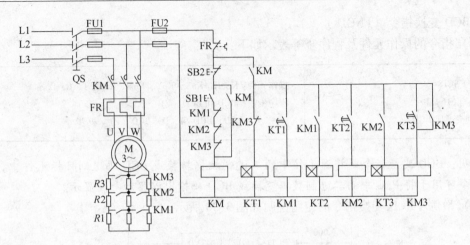

图 3-32　绕线式交流异步电动机自动起动控制电路

3. 考核要求

（1）电路设计　列出 PLC 控制 I/O 接口元件地址分配表，设计梯形图及 PLC 控制 I/O 接线图，根据梯形图列出指令表。

（2）安装与接线

1）将所用元器件如熔断器、按钮、接触器、PLC 等装在一块配电板上。

2）按照 PLC 控制 I/O 接线图在模拟配电板上接线。

（3）程序输入及调试　能操作计算机或编程器，正确地将所编程序输入 PLC，按控制要求进行模拟调试，达到设计要求。

（4）通电试验　正确使用电工工具及万用表，对电路进行仔细检查，以保证通电试验一次成功，并注意人身和设备安全。

4. 效果评价

利用 PLC 的理论知识和基本技能，按考核的要求设计或改造 PLC 控制电路，并在备料的基础上进行电路功能元器件的组合和有关技术参数调整的过程。考核要求及评分标准见表3-10。

表 3-10　考核要求及评分标准

考核项目	考核要求	配分	评分标准	扣分	得分	备注
电路设计	根据任务，设计主电路图，列出 PLC 控制 I/O 元件地址分配表，根据加工工艺，设计梯形图及 PLC 控制 I/O 口接线图，根据梯形图，列出指令表	15	1. 电路图设计不全或设计有错，每处扣 2 分 2. I/O 地址遗漏或搞错，每处扣 1 分 3. 梯形图表达不正确或画法不规范，每处扣 2 分 4. 接线图表达正确或画法不规范，每处扣 2 分 5. 指令有错，每条扣 2 分			

（续）

考核项目	考 核 要 求	配分	评 分 标 准	扣分	得分	备注
安装与接线	按 PLC 控制 I/O 口接线图在模拟配电板正确安装，元件在配电板上布置要合理，安装要准确紧固，配线导线要紧固、美观，导线要进入线槽，导线要有端子标号，引出端要有别径压端子	10	1. 元件布置不整齐、不均匀、不合理，每只扣 1 分 2. 元件安装不牢固，安装元件时漏装木螺钉，每只扣 1 分 3. 损坏元件扣 5 分 4. 电动机运行正常，如不按电路图接线，扣 1 分 5. 布线不进入线槽，不美观，主电路、控制电路每根扣 0.5 分 6. 接点松动、露铜过长、反圈、压绝缘层，标记线号不清楚、遗漏或误标，引出端无别径压端子，每处扣 0.5 分 7. 损伤导线绝缘层或线芯，每根扣 0.5 分 8. 不按 PLC 控制 I/O 接线图接线，每处扣 2 分			
程序输入及调试	熟练操作 PLC 键盘，能正确地将所编程序输入 PLC，按照被控设备的动作要求进行模拟调试，达到设计要求	15	1. 不会熟练操作 PLC 键盘输入指令，扣 2 分 2. 不会使用删除、插入、修改等命令，每项扣 2 分 3. 一次试车不成功扣 4 分；两次试车不成功扣 8 分；三次试车不成功扣 10 分			
安全生产	自觉遵守安全文明生产规范		1. 每违反一项规定扣 3 分 2. 发生安全事故，0 分处理 3. 漏接接地线一处扣 0.5 分			
时间	240min		提前正确完成，每 5min 加 2 分 超过规定时间，每 5min 扣 2 分			
开始时间：			结束时间：		实际时间：	
合计得分：						

思考与练习

1. 用 PLC 改造正反转控制电路时，应如何保证联锁控制？

2. 使用置位和复位指令编程时，应注意哪些问题？

3. 使用置位、复位指令，设计两台电动机手动控制起、停控制程序。控制要求是：第一台电动机起动后，第二台才能起动；第二台停止后，第一台才能停止。

任务四　改造三相异步电动机调速控制的电路

任务目标

1. 进一步巩固 PLC 基本指令。
2. 进一步练习用 PLC 改造电动机基本控制电路。
3. 能熟练画出 PLC 控制电路。

任务分析

如图 3-33 所示为接触器控制双速电动机电路，即用按钮和接触器来控制电动机高速、低速控制电路，其中 SB1、KM1 控制电动机低速运行；SB2、KM2、KM3 控制电动机高速运行。

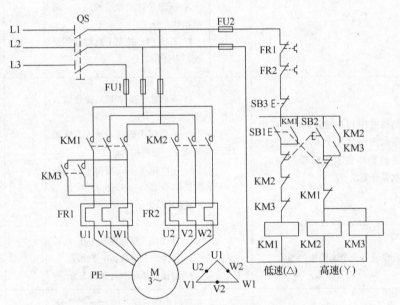

图 3-33　接触器控制双速电动机电路

1. △低速起动运行

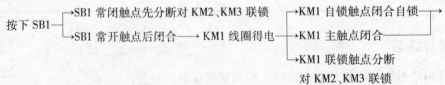

──▶电动机 M 接成△低速起动运行

2. Y高速起动运行

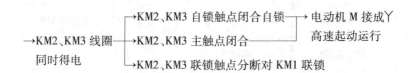

在控制电路中，按钮 SB1、SB2、SB3、热继电器触点属于控制信号，应作为 PLC 的输入量分配接线端子；而接触器线圈属于被控对象，应作为 PLC 的输出量分配接线端子。现对其进行 PLC 改造。

利用三菱 FX_{2N} 系列 PLC 来完成本任务。

相关知识

在使用 PLC 改造继电器—接触式控制系统时，应遵循以下步骤：

1. 了解系统改造的目的

改造时，尽可能的留用原继电器—接触式控制系统中可用的元器件；在满足控制要求的情况下，尽可能地采用便宜的 PLC；要预留一些 I/O 点，以备添加功能时使用。

2. 了解原设备电器的工作原理

对于复杂的继电器—接触式控制系统，根据生产的工艺过程分析控制要求，如需要完成的动作（动作顺序、必需的保护和联锁等）、操作方式（手动、自动、连续、单周期、单步等）。根据控制要求确定系统控制方案。

3. 根据控制要求确定所需的用户 I/O 设备，以此确定 PLC 的 I/O 点数。

4. PLC 的选择

PLC 是控制系统的核心部件，选择合适的 PLC 对保证整个控制系统的技术经济指标起着重要的作用。选择 PLC 应包括机型选择、容量选择、I/O 模块选择、电源模块选择等。

5. 设计控制程序

控制程序是整个系统工作的软件，是保证系统正常、安全、可靠的关键。因此，控制系统的程序应经过反复调试、修改，直到满足要求为止。

任务实施

1. I/O 点分配

根据任务分析，对输入量、输出量进行分配，见表 3-11。

表 3-11   输入量、输出量的分配

输入量（IN）			输出量（OUT）		
元件代号	功能	输入点	元件代号	功能	输出点
SB1	低速按钮	X000	KM1	接触器线圈	Y000
SB2	高速按钮	X001	KM2	接触器线圈	Y001
SB3	停止按钮	X002	KM3	接触器线圈	Y002
FR1	热继电器触点	X003			
FR2	热继电器触点	X004			

2. 绘制 PLC 硬件接线图

根据图 3-34 所示的控制线路图及 I/O 分配表，绘制 PLC 硬件接线图，如图 3-39 所示，按图连接电路，以保证硬件接线操作正确。

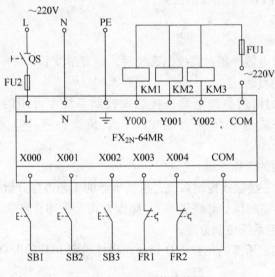

图 3-34   PLC 硬件接线图

3. 设计梯形图程序及语句表

其梯形图程序及语句表如图 3-35 所示。

低速运行时，按下低速按钮 SB1，输入继电器 X000 的常开触点闭合，Y000 的线圈接通，其自锁触点闭合，连锁触点断开，接触器 KM1 得电吸合，电动机定子绕组做三角形联结，电动机低速运行。当要转为高速运行时，则按下高速启动按钮 SB2，X001 常闭触点断开 Y000 线圈，KM1 失电释放，与此同时，X001 常开触点闭合，与 X002、X004、Y000 的常闭触点一起接通 Y001 的线圈，KM2 得电吸合，Y001 常开触点的闭合使 Y002 线圈接通，Y002 的另一对常开触点闭合，使 Y001 和 Y002 自锁，KM3 也得电吸合。于是电动机定子绕组连接成双星形，此时电动机高速运行。KM2 合上后 KM3 才得电合上

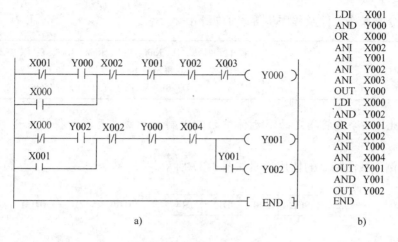

图 3-35 梯形图程序及语句表

a) 梯形图 b) 语句表

（Y001 线圈先接通，Y002 才动作），这是为了避免 KM3 合上时电流很大。按下停机按钮 SB3 时，X002 两对常闭触点断开，使 Y000 或 Y001 和 Y002 线圈断开，相应的接触器 KM1 或 KM2 和 KM3 失电释放，主触点断开，电动机停转。同理，电动机过载时，热继电器常开触点闭合，X003 或 X004 的常闭触点断开，使 Y000 或 Y001 和 Y002 线圈断开，进而使接触器 KM1 或 KM2 和 KM3 失电释放，电动机得到保护。如果按下 SB2，电动机高速运行，必要时再按 SB1，电动机会转为低速运行。

知识链接

FX_{2N} 系列 PLC 功能简介（续）

四则运算和逻辑运算指令（FNC20～FNC29）

1. 加法指令（FNC20）

（1）指令的操作元件及程序步等表示如下：

ADD FNC20	操作元件：K、H、KnX、KnY、KnM、KnS、T、C、D 等
（P） （16/32）	程序步数：ADD 和 ADD（P）…7 步
BIN 加法运算	（D）ADD 和（D）ADD（P）…13 步

说明：ADD 指令是将指定的源元件中的二进制数相加，再将所得结果送到指定的目标元件中去。

（2）举例 加法指令的使用说明如图 3-36 所示。

图 3-36 加法指令的使用

2. 减法指令（FNC21）

（1）指令的操作元件及程序步等表示如下：

SUB FNC21 （P） （16/32） BIN 减法运算	操作元件：K、H、KnX、KnY、KnM、KnS、T、C、D 等 程序步数：SUB 和 SUB（P）…7 步 （D）SUB 和（D）SUB（P）…13 步

说明：SUB 指令是将指定的源元件中的二进制数相减，再将所得结果送到指定的目标元件中去。

（2）举例　减法指令的使用说明如图 3-37 所示。

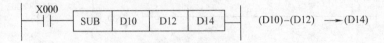

图 3-37　减法指令的使用

3. 乘法指令（FNC22）

（1）指令的操作元件及程序步等表示如下：

MUL FNC22 （P） （16/32） BIN 乘法运算	操作元件：K、H、KnX、KnY、KnM、KnS、T、C、D 等 程序步数：MUL 和 MUL（P）…7 步 （D）MUL 和（D）MUL（P）…13 步

说明：MUL 指令是将指定的源元件中的二进制数相乘，再将所得结果送到指定的目标元件中去。16 位相乘积为 32 位，32 位相乘积为 64 位，

（2）举例　乘法指令的使用说明如图 3-38 所示。

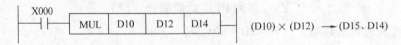

图 3-38　乘法指令的使用

4. 除法指令（FNC23）

（1）指令的操作元件及程序步等表示如下：

DIV FNC23 （P） （16/32） BIN 除法运算	操作元件：K、H、KnX、KnY、KnM、KnS、T、C、D 等 程序步数：DIV 和 DIV（P）…7 步 （D）DIV 和（D）DIV（P）…13 步

说明：DIV 指令是将指定的源元件中的二进制数相除，再将所得结果送到指定的目标元件中去。

（2）举例　除法指令的使用说明如图 3-39 所示。

图 3-39　除法指令的使用

5. 逻辑与指令（FNC26）

（1）指令的操作元件及程序步等表示如下：

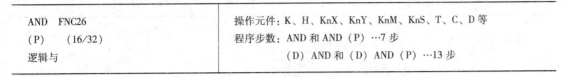

AND　FNC26 （P）　（16/32） 逻辑与	操作元件：K、H、KnX、KnY、KnM、KnS、T、C、D 等 程序步数：AND 和 AND（P）…7 步 　　　　　（D）AND 和（D）AND（P）…13 步

（2）举例　逻辑与指令的使用说明如图 3-40 所示。

图 3-40　逻辑与指令的使用

6. 逻辑或指令（FNC27）

（1）指令的操作元件及程序步等表示如下：

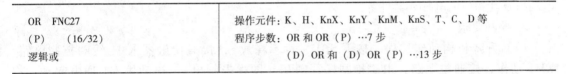

OR　FNC27 （P）　（16/32） 逻辑或	操作元件：K、H、KnX、KnY、KnM、KnS、T、C、D 等 程序步数：OR 和 OR（P）…7 步 　　　　　（D）OR 和（D）OR（P）…13 步

（2）举例　逻辑或指令的使用说明如图 3-41 所示。

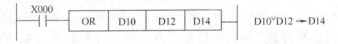

图 3-41　逻辑或指令的使用

7. 逻辑异或指令（FNC28）

（1）指令的操作元件及程序步等表示如下：

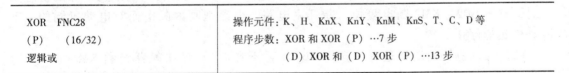

XOR　FNC28 （P）　（16/32） 逻辑或	操作元件：K、H、KnX、KnY、KnM、KnS、T、C、D 等 程序步数：XOR 和 XOR（P）…7 步 　　　　　（D）XOR 和（D）XOR（P）…13 步

（2）举例　逻辑异或指令的使用说明如图 3-42 所示。

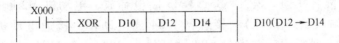

图 3-42　逻辑异或指令的使用

8. 求补指令（FNC29）

（1）指令的操作元件及程序步等表示如下：

NEG FNC29	操作元件：K、H、KnX、KnY、KnM、KnS、T、C、D 等
（P） （16/32）	程序步数：NEG 和 NEG（P）…3 步
求补	（D）NEG 和（D）NEG（P）…5 步

（2）举例　求补指令的使用说明如图 3-43 所示。

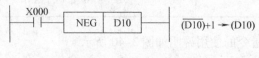

图 3-43　求补指令的使用

技能训练

用 PLC 控制电动葫芦控制电路的设计、安装与调试

1. 准备要求

设备：两个开关 SB1、SB2，4 个接触器 KM1、KM2、KM3、KM4，3 个行程开关，两台电动机及其相应的电气元器件等。

2. 控制要求

（1）升降机构动作过程　按下 SB1（暂不释放），接通接触器 KM1 线圈控制电路，KM1 动作，接通主电路，电磁抱闸松开闸瓦（图中未画出），电动机 M1 通电起动，提升重物，同时 SB1 动断触点 SB1（2-7）分断，KM1 的辅助动断触点 KM1（9-1）分断，对控制吊钩下降动作的 KM2 控制电路联锁。当重物被提升到指定高度时，松开 SB1，KM1 断电释放，电磁抱闸断电，闸瓦合拢，对电动机 M1 制动，令其迅速停转。行程开关 SQ1 安装在吊钩上升的终点位置，其动断触点串联在 KM1 的控制电路中，当吊钩上升到该位置时，吊钩撞块碰触行程开关滚轮，SQ1 动作时，其动断触点 SQ1（4-5）分断 KM1 控制电路，KM1 动断释放，仍可使电动机 M1 在电磁抱闸制动下迅速停转，避免了吊钩继续上升造成事故。欲使吊钩下降，只需按下按钮 SB2，接通接触器 KM2 控制电路，使 KM2 通电动作，松开电磁抱闸，电动机反转。当吊钩下降到指定高度时，松开 SB2，KM2 断电复位，断开主电路，电磁抱闸因断电而对电动机制约，下降动作迅速停止。

（2）移动机构的动作过程　按下 SB3（暂不释放），使接触器线圈 KM3（12-13）通电动作，接通移动机构的主电路，电动机 M2 通电正转，使电动葫芦前进，并通过 SB3 断电触点 SB3（2-14）和 KM3 辅助动断触点 KM3（17-1）对控制电动葫芦后退动作的接触器 KM4 复合联锁。松开 SB3，KM3 断电释放，电动机 M2 断电，移动机构停止运行。按下 SB4（暂不松开），接触器 KM4 通电动作，接通电动机 M2 反转电路，M2 反转，使电动葫芦后退，并通过 SB4 动断触点 SB4（10-11）、接触器 KM4 辅助动断触点 KM4（13-1）对控制电动葫芦前进的接触器 KM3 复合联锁。松开 SB4，电动葫芦后退动作停止。行程开关 SQ2、SQ3 分别装在前后行程终点位置，一旦移动机构运动到该点，其撞块碰触行程开关滚轮，便可分断串入控制电路中的动断触点，分断控制电路，使接触器断电释放，电动机 M2 停转，避免电动葫芦超越行程造成事故，控制电路如图 3-44 所示。

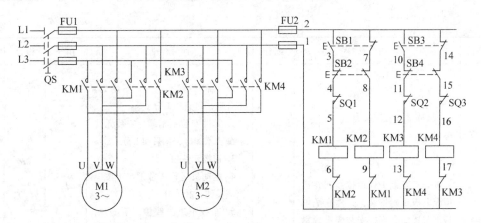

图 3-44 电动葫芦控制电路

3. 考核要求

（1）电路设计　列出 PLC 控制 I/O 接口元件地址分配表，设计梯形图及 PLC 控制 I/O 接线图，根据梯形图列出指令表。

（2）安装与接线

1）将所用元器件如熔断器、开关、接触器、PLC 等装在一块配电板上。

2）按照 PLC 控制 I/O 接线图在模拟配电板上接线。

（3）程序输入及调试　能熟练操作计算机或编程器，正确地将所编程序输入 PLC，按控制要求进行模拟调试，达到设计要求。

（4）通电试验　正确使用电工工具及万用表，对电路进行仔细检查，以保证通电试验一次成功，并注意人身和设备安全。

4. 效果评价

利用 PLC 的理论知识和基本技能，按考核的要求设计或改造 PLC 控制电路，并在备料的基础上进行电路功能元器件的组合和有关技术参数调整的过程。考核要求及评分标准见表 3-12。

表 3-12　考核要求及评分标准

考核项目	考核要求	配分	评分标准	扣分	得分	备注
电路设计	根据任务，设计主电路图，列出 PLC 控制 I/O 元件地址分配表，根据加工工艺，设计梯形图及 PLC 控制 I/O 口接线图，根据梯形图，列出指令表	15	1. 电路图设计不全或设计有错，每处扣 2 分 2. I/O 地址遗漏或搞错，每处扣 1 分 3. 梯形图表达不正确或画法不规范，每处扣 2 分 4. 接线图表达正确或画法不规范，每处扣 2 分 5. 指令有错，每条扣 2 分			

（续）

考核项目	考核要求	配分	评分标准	扣分	得分	备注
安装与接线	按 PLC 控制 I/O 口接线图在模拟配电板正确安装，元件在配电板上布置要合理，安装要准确紧固，配线导线要紧固、美观，导线要进入线槽，导线要有端子标号，引出端要有别径压端子	10	1. 元件布置不整齐、不均匀、不合理，每只扣 1 分 2. 元件安装不牢固，安装元件时漏装木螺钉，每只扣 1 分 3. 损坏元件扣 5 分 4. 电动机运行正常，如不按电路图接线，扣 1 分 5. 布线不进入线槽，不美观，主电路、控制电路每根扣 0.5 分 6. 接点松动、露铜过长、反圈、压绝缘层、标记线号不清楚、遗漏或误标，引出端无别径压端子，每处扣 0.5 分 7. 损伤导线绝缘层或线芯，每根扣 0.5 分 8. 不按 PLC 控制 I/O 接线图接线，每处扣 2 分			
程序输入及调试	熟练操作 PLC 键盘，能正确地将所编程序输入 PLC，按照被控设备的动作要求进行模拟调试，达到设计要求	15	1. 不会熟练操作 PLC 键盘输入指令，扣 2 分 2. 不会使用删除、插入、修改等命令，每项扣 2 分 3. 一次试车不成功扣 4 分；两次试车不成功扣 8 分；三次试车不成功扣 10 分			
安全生产	自觉遵守安全文明生产规范		1. 每违反一项规定扣 3 分 2. 发生安全事故，0 分处理 3. 漏接接地线一处扣 0.5 分			
时间	240min		提前正确完成，每 5min 加 2 分 超过规定时间，每 5min 扣 2 分			
开始时间：		结束时间：		实际时间：		
合计得分：						

思考与练习

1. 如何将简单继电器控制的机床电路进行 PLC 改造？
2. 简述如何进行继电器控制电动机高速、低速切换。

项目四 学习 PLC 应用程序设计

PLC 应用程序的设计是 PLC 控制系统设计的核心，要设计好 PLC 应用程序，首先必须充分了解被控对象的情况，诸如生产工艺、技术特性、工作环境及其对控制的要求等。据此，设计出 PLC 控制系统，包括设计出控制系统图、选出合适的 PLC 型号、确定 PLC 的输入器件和输出器件、确定接线方式等。为了更好地掌握 PLC 应用程序设计的基本步骤、方法和技巧，下面分为 4 个任务来学习。

任务一 油循环控制

任务目标

1. 掌握脉冲输出指令的使用方法。
2. 能根据所给任务要求，设计梯形图及 PLC 控制接线图。
3. 进一步理解 PLC 循环扫描工作方式。

任务分析

某工厂有一油循环系统，如图 4-1 所示。控制要求如下：

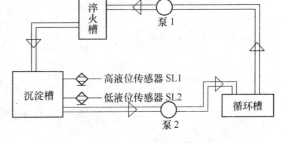

图 4-1 油循环系统

1. 当按下起动按钮 SB1 时，泵 1、泵 2 通电运行，由泵 1 将油从循环槽打入淬火槽，经沉淀槽，再由泵 2 打入循环槽，运行 15min 后，泵 1、泵 2 自动停止。

2. 在泵 1、泵 2 运行期间，当沉淀槽液位到达高液位时，高液位传感器 SL1 接通，此时泵 1 停止，泵 2 继续运行 1min。

3. 在泵 1、泵 2 运行期间，沉淀槽液位到达低液位时，低液位传感器 SL2 由接通变为断开，泵 2 停止，泵 1 继续运行 1min。

4. 当停止按钮 SB2 按下，泵 1、泵 2 停止。

5. 用 PLC 实现控制要求。

分析控制要求可知，按下起动按钮时，泵 1、泵 2 开始运行，同时定时器开始定时，到达预定时间 15min 后，泵 1、泵 2 停止。在泵 1、泵 2 运行期间，如果当沉淀槽液位到达高液位时，高液位传感器 SL1 发出信号，泵 1 停止，同时定时器定时，延时 1min 后，泵 2 停止。在延时 1min 期间即使沉淀槽液位下降，高液位传感器 SL1 不再发出信号，泵 2 仍运行，直到延时 1min 时间到。同理，当沉淀槽液位下降到低液位时，泵 2 停止，同时定时器定时，延时 1min 后，泵 1 停止。在延时 1min 期间即使沉淀槽液位上升，泵 1 仍运行，直到延时

1min 时间到。

在油循环系统中，起动按钮 SB1、停止按钮 SB2、液位传感器 SL1、SL2 属于控制信号，应作为 PLC 的输入量分配接线端子；而泵 1、泵 2 属于被控对象，应作为 PLC 的输出量分配接线端子。

相关知识

脉冲输出指令

（1）指令格式及梯形图表示方法见表 4-1。

表 4-1   指令格式及梯形图表示方法

助记符	功能	LAD 图示	操作元件	程序步
PLS	上升沿脉冲输出	⊢⊣ ⊢ [PLS]	M	2
PLF	下降沿脉冲输出	⊢⊣ ⊢ [PLF]	M	2

（2）使用说明

1）PLS、PLF 指令仅用于普通辅助继电器，不能驱动其他线圈。PLS 产生的脉冲宽度为驱动输入接通后的一个扫描周期。PLF 产生的脉冲宽度为驱动输入断开后的一个扫描周期。

2）在脉冲输出指令脉冲输出期间，用跳转指令使脉冲输出指令发生跳转，该脉冲仍保持输出。

（3）程序举例   如图 4-2 所示。

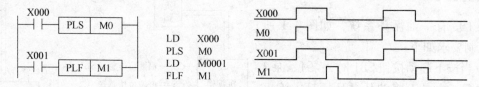

图 4-2   脉冲输出指令应用

任务实施

1. I/O 点分配

根据任务分析，对输入量、输出量进行分配，见表 4-2。

表 4-2   输入量、输出量的分配

输入量（IN）			输出量（OUT）		
元件代号	功能	输入点	元件代号	功能	输出点
SB1	起动按钮	X000	KM1	泵 1 接触器线圈	Y000
SB2	停止按钮	X001	KM2	泵 2 接触器线圈	Y001
SL1	液位传感器	X002			
SL2	液位传感器	X003			

2. 绘制 PLC 硬件接线图

根据图 4-1 所示及 I/O 分配表，绘制 PLC 硬件接线图，如图 4-3 所示，以保证硬件接线操作正确。

3. 设计梯形图程序及语句表

设计梯形图程序及语句表如图 4-4 所示。

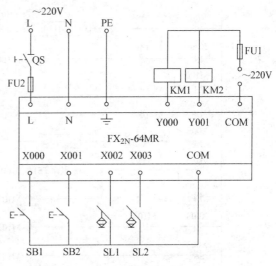

图 4-3 PLC 硬件接线图

知识链接

PLC 应用系统的程序设计步骤

为了保证 PLC 应用程序设计及控制的准确性，每次设计都需要深入了解被控对象的工作原理，清楚 I/O 变量及它们之间的关系，并用文字或表格的形式进行描述。

所有的 PLC 编程环境都支持助记符程序设计语言和梯形图程序设计语言，在所有的 PLC 程序设计语言中，使用最多的是梯形图程序设计语言，现以梯形图程序设计语言为例来说明 PLC 应用系统的程序设计步骤。

1. 梯形图程序设计注意事项

（1）每个网络以接点开始，以线圈或功能指令结束，信号总是从左向右传递。

（2）内部和中间继电器接点可以使用无数次，但继电器线圈在一个程序中只能使用一次。

（3）有些系统要求程序结束时必须使用 END 指令，但有些可以不用。

（4）中间继电器、定时器和计数器等功能性指令不能直接产生输出，必须使用 OUT 指令才能输出。

（5）在一个网络中要将得电条件和失电条件综合考虑，以保证控制的可靠性和准确性。

（6）在梯形图中没有真实的电流流动，为了便于分析 PLC 的周期扫描原理和逻辑上的因果关系，假定在梯形图中有"电流"流动，这个"电流"只能在梯形图中单方向流动，即从左向右流动，层次的改变只能从上向下。

2. 梯形图经验设计法步骤

梯形图经验设计法是目前使用比较广泛的一种设计方法，该方法的核心是输出线圈，这是因为 PLC 的动作就是从线圈输出的（可以称为面向输出线圈的梯形图设计方法）。以下是一些经验设计步骤。

（1）分析工艺流程并对系统任务进行分块 即分解梯形图程序。根据控制任务将要编制的梯形图程序分解成功能独立的子梯形图程序。将主要的工艺流程作为主程序，整个工艺流程多次重复进行的部分可以作为子程序进行调用，同时可以根据工艺情况加入中断服务程序。

（2）根据系统任务编制控制系统的逻辑关系图 编制系统逻辑关系图可以各个控制活动顺序为基准，也可以整个活动的时间节拍为基准，其主要目的是反映系统各环节中的 I/O 关系，为梯形图的设计做好准备。

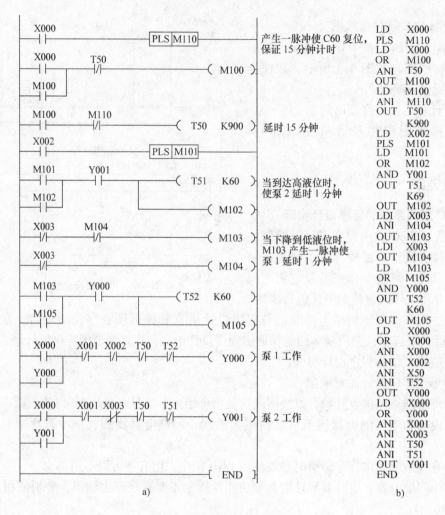

图 4-4　梯形图程序及语句表

a）梯形图　b）语句表

（3）绘制各种电路图　绘制电路图的目的是把系统的 I/O 所涉及的地址和名称联系起来。绘制时主要考虑以下几点。

1）在绘制 PLC 的输入电路时，不仅要考虑到输入信号的连接点是否与命名一致，还要考虑到 PLC 输入端的电压和电流是否合适，是否会把高电压引入到 PLC 的输入端。

2）在绘制 PLC 的输出电路时，不仅要考虑到输出信号的连接点是否与命名一致，还要考虑 PLC 的输出模块带负载能力和耐电压能力。

3）要考虑电源的输出功率和极性问题。

3. 编制 PLC 程序并进行模拟调试

编制 PLC 程序时要注意以下问题：

（1）以输出线圈为核心设计梯形图，并画出该线圈的得电条件、失电条件和自锁条件。在画图过程中，注意程序的启动、停止、连续运行、选择行分支和并行分支。

（2）如果不能直接使用输入条件逻辑组合成输出线圈的得电和失电条件，则需要使用中间继电器建立输出线圈的得电和失电条件。

（3）如果输出线圈的得电和失电条件中需要定时或计数条件时，要注意定时器或计数器的得电和失电条件。同时要注意，一般定时器和计数器的地址范围是相同的，即某一地址如果作为定时器使用，那么在同一个控制程序中就不能作为计数器使用。

（4）如果输出线圈的得电和失电条件中需要功能指令的执行结果作为条件时，可以使用功能指令梯级建立输出线圈的得电和失电条件。

（5）画出各个输出线圈之间的互锁条件。互锁条件可以避免同时发生互相冲突的动作，保证系统工作的可靠性。

（6）画保护条件。保护条件可以在系统出现异常时，使输出线圈的动作保护控制系统和生产过程。在设计梯形图程序时，要注意先画基本梯形图程序，当基本梯形图程序的功能能够满足工艺要求时，再根据系统中可能出现的故障及情况，增加相应的保护环节，以保证系统工作的安全。

根据以上要求绘制好梯形图后，将程序下载到 PLC 中，通过观察其输出端发光二极管的变化进行模拟调试，并根据要求进行修改，直到满足系统要求。

4. 制作控制台和控制柜

以上步骤完成后，就可以制作控制台和控制柜了。如果时间紧张，这一步可以和上述编制 PLC 程序的第（4）步同时进行。在制作控制台与控制柜时要注意开关、按钮和继电器等器件规格和质量的选择。设备的安装要注意屏蔽、接地和高压隔离等问题。

5. 现场调试

现场调试是整个控制系统完成的重要环节。只有通过现场调试，才能发现控制回路和控制程序之间是否存在问题，以便及时调整控制电路和控制程序，适应控制系统的要求。

6. 编写技术文件并现场试运行

经过现场调试后，控制电路和控制程序就基本确定了，即整个系统的硬件和软件就被确定了。这时就要全面整理技术文件，包括整理电路图、PLC 程序、使用及帮助文件。到此整个系统的设计就完成了。

技能训练

应用 PLC 控制天塔之光电路的设计与调试

1. 准备要求

设备：1 个按钮 SB，天塔之光电路板、PLC 及其相应的电气元件等。

2. 控制要求

隔灯闪烁：首先 L1、L2、L3、L4、L5 亮 1s 后灭；接着 L6、L7、L8、L9 亮 1s 后灭；然后 L1、L2、L3、L4、L5 亮 1s 后灭。如此循环下去。如图 4-5 所示。

3. 考核要求

（1）电路设计 列出 PLC 控制 I/O 接口元件地址分配表，设计梯形图及 PLC 控制 I/O 接线图，根据梯形图列出指令表。

（2）程序输入及调试 能熟练操作计算机或编程器，正确地将所编程序输入 PLC，按控制要求进行模拟调试，达到设计要求。

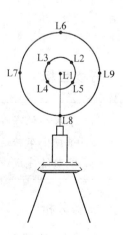

图 4-5 天塔之光

（3）评价标准　考核要求及评分标准见表 4-3。

表 4-3　考核要求及评分标准

考核项目	考核要求	配分	评分标准	扣分	得分	备注
电路设计	根据任务，设计主电路图，列出 PLC 控制 I/O 元件地址分配表，根据加工工艺，设计梯形图及 PLC 控制 I/O 口接线图，根据梯形图，列出指令表	20	1. 电路图设计不全或设计有错，每处扣 2 分 2.I/O 地址遗漏或搞错，每处扣 1 分 3. 梯形图表达不正确或画法不规范，每处扣 2 分 4. 接线图表达正确或画法不规范，每处扣 2 分 5. 指令有错，每条扣 2 分			
程序输入及调试	熟练操作 PLC 键盘，能正确地将所编程序输入 PLC，按照被控设备的动作要求进行模拟调试，达到设计要求	20	1. 不会熟练操作 PLC 键盘输入指令，扣 2 分 2. 不会使用删除、插入、修改等命令，每项扣 2 分 3. 缺少 1 个动作功能，扣 8 分			
时间	240min		提前正确完成，每 5min 加 2 分 超过规定时间，每 5min 扣 2 分			
开始时间：		结束时间：		实际时间：		
合计得分：						

思考与练习

1. 使用脉冲指令应注意什么问题？
2. 简述 PLC 逻辑指令的功能。

任务二　送料小车运动控制

任务目标

> 1. 掌握移位寄存器指令的使用方法。
> 2. 根据小车转运工序过程，准确设计梯形图及 PLC 控制 I/O 接线图。
> 3. 能熟练完成设计电路的安装并进行模拟调试。

任务分析

在自动生产线上，常使用有轨小车来转运工序之间的物件。小车的驱动通常采用电动机拖动，其行驶示意图如图 4-6 所示。
电动机正转小车前进，电动机反转
小车后退。对小车运行的控制要求
为：小车从原位 A 出发直驶向 1 号
位，抵达后立即返回原位；第二次
出发一直驶向 2 号位，到达后立即
返回原位；第三次出发一直驶向 3

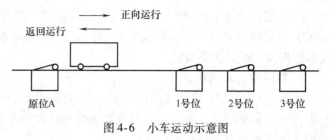

图 4-6 小车运动示意图

号位，到达后返回原位。必要时，像上述一样小车出发三次运行一个周期后能停下来；根据
需要小车也能重复上述过程，不停地运行下去，直到按下停止按钮为止。

分析控制要求可知，系统的输入量有：起、停按钮信号；1 号位、2 号位、3 号位限位
开关信号；连续运行开关信号和原位点限位开关信号。系统的输出信号有：运行指示和原点
指示输出信号；前进、后退控制电动机接触器驱动信号。共需实际输入点数 7 个，输出点数
4 个。

相关知识

移位寄存器的移位与复位指令（SFT/RST）

1. 移位寄存器的构成

移位寄存器是由一组辅助继电器通过指令构成的，其电路结构如图 4-7 所示。移位寄存
器有三个输入端，指令与功能如下：

（1）数据输入端 由 OUT 指令构成数据输入端。移位寄存器首位的通/断状态，由连接
数据输入端接点的通/断状态所决定，即图 4-7 中 M100 的通/断状态与 X000 的通/断状态
一致。

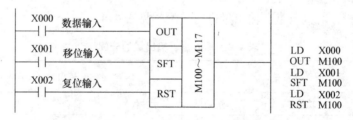

图 4-7 移位寄存器电路

（2）移位输入端 由 SFT 指令构成移位输入端。

SFT：使移位寄存器中的内容作为移位的指令。当连接移位输入端的接点（图 4-7 中的
X001）由断变通时，移位寄存器中的每一个辅助继电器的通断状态前移一位，如图 4-8
所示。

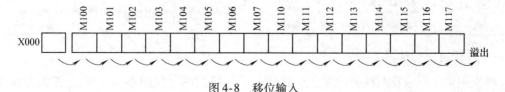

图 4-8 移位输入

（3）复位输入　由 RST 指令构成复位输入端。当连接复位输入端的接点（图 4-6 中的 X002）接通时，除首位外，移位寄存器的其他辅助继电器全部断开，即复位（首位的状态仅由数据输入端的状态决定）。

2. 移位寄存器的级联

如果需要多于 16 位的移位寄存器时，可以利用两个或两个以上的 16 位移位寄存器组合起来，如图 4-9 所示，后一级移位寄存器的程序应放在前面，用前级移位寄存器的末位输出作为后级移位寄存器的数据输入。

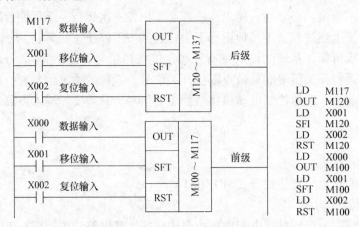

```
LD    M117
OUT   M120
LD    X001
SFI   M120
LD    X002
RST   M120
LD    X000
OUT   M100
LD    X001
SFT   M100
LD    X002
RST   M100
```

图 4-9　移位寄存器的级联

任务实施

1. I/O 点分配

根据任务分析，对输入量、输出量进行分配，见表 4-4。

表 4-4　输入量、输出量的分配

输入量（IN）			输出量（OUT）		
元件代号	功能	输入点	元件代号	功能	输出点
SB1	起动按钮	X000	KM1	原点指示	Y000
SB2	停止按钮	X001	KM2	运行指示	Y001
SQ0	原位点号位限位开关	X002	KM3	前进	Y002
SQ1	1 号位限位开关	X003	KM4	后退	Y003
SQ2	2 号位限位开关	X004			
SQ3	3 号位限位开关	X005			
S	连续运行开关	X006			

2. 绘制 PLC 硬件接线图

根据图 4-6 所示及 I/O 分配表，绘制 PLC 硬件接线图，如图 4-10 所示，按图连接电路以保证硬件接线操作正确。

3. 设计梯形图程序及语句表

设计梯形图程序及语句表如图 4-11 所示。

知识链接

知识点一 PLC 通信网络简介

在 PLC 及其网络中存在两类通信：一类是并行通信，另一类是串行通信，并行通信一般发生在 PLC 的内部，它指的是多处理器 PLC 中多台处理器之间的通信，以及 PLC 中 CPU 单元与智能模板的 CPU 之间的通信。前者是在协处理器的控制与管理下，通过共享存储区实现多处理器之间的数据交换；后者则是经过背板总线（公用总线）通过双口 RAM 实现通信。PLC 的并

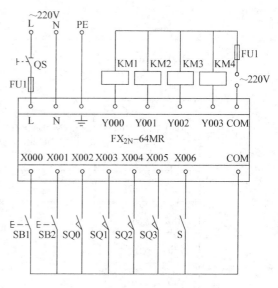

图 4-10　PLC 硬件接线图

行通信由于发生在 PLC 内部，对于应用设计人员不必多加研究，重要的是了解 PLC 网络中的串行通信。

网络是由几级子网复合而成，每级子网中都配置不同的协议，其中大部分是各公司的专用通信协议。各级子网的通信过程是由通信协议决定的，从根本上讲，要搞清楚某级子网的通信就必须彻底剖析它采用的通信协议。网络的各级子网无论采用总线结构、还是环形结构，它的通信介质都是共享资源。挂在共享介质上的各站要想通信，首先要解决共享通信介质使用权的分配问题，这就是常说的存取控制或称访问控制。

一个站取得了通信介质使用权，并不等用完成了通信过程，还有怎样传送数据的问题，这就是常说的数据传送方式，比如说采用的数据传送方式是否先建立一种逻辑连接，然后再传送？所采用的数据传送方式发给对方的数据是否要对方应答？发出去的数据是由一个站收，或者多个站收，还是全体接收？诸如此类就是所谓的数据传送方式。

工业局域网对实时性是有要求的，各级子网对实时性的的要求不同，通常越靠底层的子网对实时性要求越高，越靠近上层的子网对实时性的要求越低。

PLC 网络中，各站通过通信子网互联在一起，当某站对子网请求通信时，它对响应的时间是有要求的，不同站对实时性的要求可能不同，同一站不同通信任务对实时性的要求也可能不同。一项通信任务的实时性得到满足是指其响应时间小于规定的时限；一个站的实时性合乎要求是指该站提出的所有通信任务在指定的时限内都能获得响应。整个通信子网的实时性符合要求是指分布在子网上每一个站的每项通信任务的实时性均得到保证。

知识点二 PLC 通信网络与 PLC 控制网络的区别

PLC 网络包括 PLC 控制网络与 PLC 通信网络，这两种网络的功能是不同的。

PLC 控制网络是指只传送 ON/OFF 开关量，且一次传送的数据量较少的网络。例如，PLC 的远程 I/O 控制。这种网络的特点是 PLC 虽然远离控制设备，但对开关量控制如同自身的一样，简单方便。

PLC 通信网络又称高速数据公路，此网络既可传送开关量又可传送数字量，且传送数据

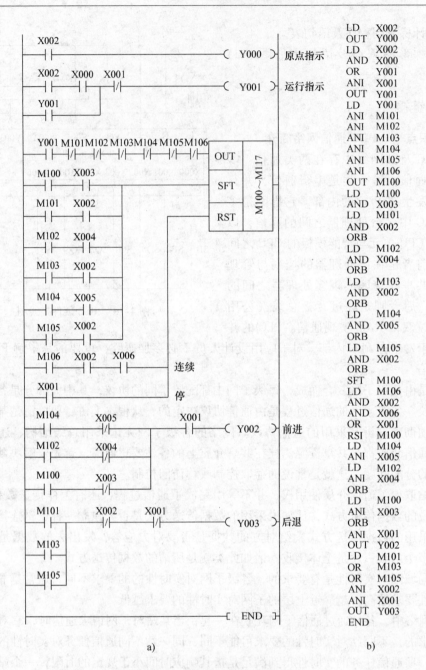

图 4-11　梯形图程序及语句表

a) 梯形图　b) 语句表

量较大，类似与普通局域网，如西门子的 SINEC-H1 网。

技能训练

使用 PLC 控制 3 台电动机的起动和停止电路的设计与调试

1. 准备要求

设备：一个启动按钮 SB1，一个停止按钮 SB2，一个急停按钮 SB3 和 3 台电动机 M1、

M2、M3 及其相应的元件等。

2. 控制要求

（1）当急停按钮 SB3 断开时，正常起动电动机。第一次按启动按钮 SB1，M1 起动正常运行；第二次按启动按钮 SB1，M2 起动正常运行；第三次按启动按钮 SB1，M3 起动正常运行。至此 3 台电动机全部起动，正常运转。

（2）这时第一次按停止按钮 SB2，先停止 M3，其他电动机照常运行；第二次按停止按钮 SB2，再停止 M2；第三次按停止按钮 SB2，停止 M1；至此 3 台电动机全部停止运行。

（3）当急停按钮 SB3 接通时，所有电动机都停止运行，起动无效。

3. 考核要求

（1）电路设计　列出 PLC 控制 I/O 接口元件地址分配表，设计梯形图及 PLC 控制 I/O 接线图，根据梯形图列出指令表。

（2）程序输入及调试　能熟练操作计算机或编程器，正确地将所编程序输入 PLC，按控制要求进行模拟调试，达到设计要求。

（3）评价标准　考核要求及评分标准见表 4-5。

表 4-5　考核要求及评分标准

考核项目	考核要求	配分	评分标准	扣分	得分	备注
电路设计	根据任务，设计主电路图，列出 PLC 控制 I/O 元器件地址分配表，根据加工工艺，设计梯形图及 PLC 控制 I/O 口接线图，根据梯形图，列出指令表	20	1. 电路图设计不全或设计有错，每处扣 2 分 2. I/O 地址遗漏或搞错，每处扣 1 分 3. 梯形图表达不正确或画法不规范，每处扣 2 分 4. 接线图表达正确或画法不规范，每处扣 2 分 5. 指令有错，每条扣 2 分			
程序输入及调试	熟练操作 PLC 键盘，能正确地将所编程序输入 PLC，按照被控设备的动作要求进行模拟调试，达到设计要求	20	1. 不会熟练操作 PLC 键盘输入指令，扣 2 分 2. 不会使用删除、插入、修改等命令，每项扣 2 分 3. 缺少 1 个动作功能，扣 8 分			
时间	240min		提前正确完成，每 5min 加 2 分 超过规定时间，每 5min 扣 2 分			
开始时间：		结束时间：		实际时间：		
合计得分：						

思考与练习

1. 移位寄存器指令的构成是怎样的？

2. 移位指令的基本功能是什么？

3. 利用移位指令设计一个彩灯控制程序，共 9 盏彩灯，每隔 1s，点亮一盏，全亮后闪烁 3 次全灭。全灭后重复前面的循环过程，直到按下停止按钮，所有灯全部熄灭。

任务三　液体自动混合装置的控制

任务目标

1. 能根据所给任务要求，设计梯形图及 PLC 控制接线图。

2. 掌握 PLC 的编程技巧和程序调试方法。

3. 了解应用 PLC 技术解决实际控制问题的全过程。

任务分析

图 4-12 所示为两种液体自动混合搅拌控制系统示意图，SL1、SL2、SL3 为液位传感器，液面淹没时接通，液体 A、B 流量阀与混合液流量阀由电磁阀 YV1、YV2、YV3 控制，M 为搅拌电动机。具体控制要求如下：

1. 初始状态

容器为空时，YV1、YV2、YV3 均为 OFF，液面传感器 SL1、SL2、SL3 均为 OFF，搅拌电动机 M 为 OFF。

2. 启动运行

按下启动按钮 SB1，系统控制要求如下：

（1）液体 A 阀门打开，液体 A 流入容器，当液面到达 SL2 时，SL2 接通，关闭液体 A 阀门，打开液体 B 阀门。

（2）当液面到达 SL1 时关闭液体 B 阀门，搅拌电动机 M 开始搅拌，

（3）搅拌电动机工作 1min 后停止，混合液体阀门打开，开始放出混合液体。

（4）当液面下降到 SL3 时，SL3 由接通变为断开，再过 20s 后，容器放空，混合液阀门关闭，开始下一周期。

3. 停止操作

按下停止按钮 SB2，系统完成当前工作周期后停在初始状态。

相关知识

1. 脉冲输出指令（详见项目四任务一）。

2. 置位、复位指令（详见项目三任务四）。

任务实施

1. I/O 点分配

根据任务分析，对输入量、输出量进行分配，见表4-6所示。

表4-6 输入量、输出量的分配

输入量（IN）			输出量（OUT）		
元件代号	功能	输入点	元件代号	功能	输出点
SB1	起动按钮	X000	KM1	电磁阀 YV1 线圈	Y000
SB2	停止按钮	X001	KM2	电磁阀 YV2 线圈	Y001
SL1	液面传感器	X002	KM3	电磁阀 YV3 线圈	Y002
SL2	液面传感器	X003	KM4	搅拌电动机 M 线圈	Y003
SL3	液面传感器	X004			

2. 绘制 PLC 硬件接线图

根据图4-12所示及I/O分配表，绘制PLC硬件接线图，如图4-13所示，以保证硬件接线操作正确。

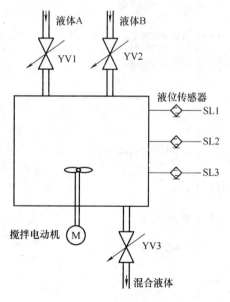

图4-12 两种液体自动混合
搅拌控制系统示意图

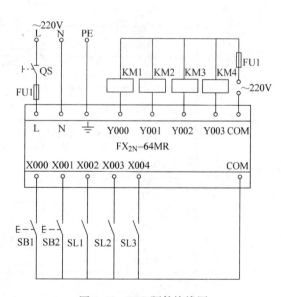

图4-13 PLC 硬件接线图

3. 设计梯形图程序及语句表

设计梯形图程序及语句表如图4-14、图4-15所示。

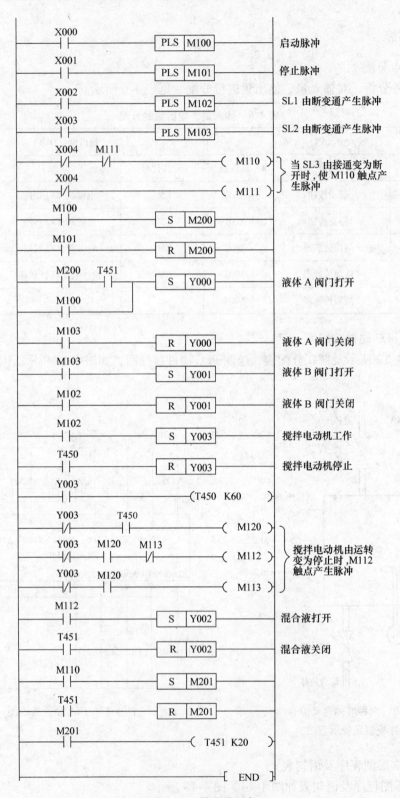

图 4-14　梯形图程序

知识链接

FX 系列 PLC 专用协议通信指令一览

BR 以 1 点为单位，读出位元件的状态

WR 以 16 点为单位，读出位元件的状态，或以 1 字为单位，读出字元件的值

BW 以 1 点为单位，写入位元件的状态

WW 以 16 点为单位，写入位元件的状态，或以 1 字为单位，写入值到字元件

BT 以 1 点为单位，SET/RESET 位元件

WT 以 16 点为单位，SET/RESET 位元件，或写入值到字元件

RR 控制 PLC 运行 RUN

RS 控制 PLC 停止 STOP

PC 读出 PLC 设备类型

TT 连接测试

LD	X000	LD	M103	LD	T451
PLS	M100	S	Y001	R	Y002
LD	X001	LD	M102	LD	M110
PLS	M101	R	Y001	S	M201
LD	X002	LD	M102	LD	T451
PLS	M102	S	Y003	R	M201
LD	X003	LD	T450		
PLS	M103	R	Y003	LD	M201
LDI	X004	LD	Y003	OUT	T451
ADI	M111	OUT	T450		K20
OUT	M110		K60	END	
LDI	X004	LDI	Y003		
OUT	M111	AND	T450		
LD	M100	OUT	M120		
S	M200	LDI	Y003		
LD	M101	AND	M120		
R	M200	ANI	M113		
LD	M200	OUT	M112		
AND	T451	LDI	Y003		
OR	M100	AND	M120		
S	Y000	OUT	M113		
LD	M103	LD	M112		
R	Y000	S	Y002		

图 4-15　语句表

注意：　位元件包括 X，Y，M，S 以及 T，C 的线圈等；字元件包括 D，T，C，KnX，KnY，KnM 等。

技能训练

应用 PLC 控制全自动洗衣机控制程序的设计与调试

1. 准备要求

设备：一个起动按钮 SB1，一个停止按钮 SB2，一个水位选择开关和一台电动机及其相应的元器件等。

2. 控制要求

（1）按下起动按钮及水位选择开关，注水直到高水位，关水。

（2）2s 后开始洗涤。洗涤时，正转 30s，停 2s；然后反转 30s，停 2s。

（3）如此循环 5 次，总共 320 s 后开始排水，排空后脱水 30s。

（4）重复第（2）、（3）项，清洗两遍。

（5）清洗完成，报警 3s 并自动停机。

（6）如按下停车按钮，可手动排水（不脱水）和手动脱水（不计数）。

3. 考核要求

（1）电路设计　列出 PLC 控制 I/O 接口元件地址分配表，设计梯形图及 PLC 控制 I/O 接线图，根据梯形图列出指令表。

（2）程序输入及调试　能操作计算机或编程器，正确地所编程序输入 PLC，按控制要求进行模拟调试，达到设计要求。

（3）评价标准　考核要求及评分标准见表 4-7。

表 4-7　考核要求及评分标准

考核项目	考核要求	配分	评分标准	扣分	得分	备注
电路设计	根据任务, 设计主电路图, 列出 PLC 控制 I/O 元件地址分配表, 根据加工工艺, 设计梯形图及 PLC 控制 I/O 口接线图, 根据梯形图, 列出指令表	20	1. 电路图设计不全或设计有错, 每处扣 2 分 2. I/O 地址遗漏或搞错, 每处扣 1 分 3. 梯形图表达不正确或画法不规范, 每处扣 2 分 4. 接线图表达正确或画法不规范, 每处扣 2 分 5. 指令有错, 每条扣 2 分			
程序输入及调试	熟练操作 PLC 键盘, 能正确地将所编程序输入 PLC, 按照被控设备的动作要求进行模拟调试, 达到设计要求	20	1. 不会熟练操作 PLC 键盘输入指令, 扣 2 分 2. 不会使用删除、插入、修改等命令, 每项扣 2 分 3. 缺少 1 个动作功能, 扣 8 分			
时间	240min		提前正确完成, 每 5min 加 2 分 超过规定时间, 每 5min 扣 2 分			
开始时间:		结束时间:		实际时间:		
合计得分:						

任务四　交通信号灯控制

任务目标

1. 用 PLC 构成交通信号灯控制系统。
2. 掌握 PLC 的编程技巧和程序调试方法。
3. 掌握步进指令的应用。

任务分析

　　城市交通道路中的十字路口是靠交通信号灯来维持交通秩序的。在每个方向都有红、黄、绿 3 种颜色的信号灯, 信号灯的动作受开关总体控制, 按下启动按钮后, 信号灯系统开始工作, 并周而复始地循环动作; 按下停止按钮后, 系统停止工作。图 4-16 所示是某城市十字路口交通信号灯示意图。

　　在系统工作时, 控制要求见表 4-8。

　　具体控制要求如下:

1. 南北方向绿灯和东西方向绿灯不能同时亮, 如果

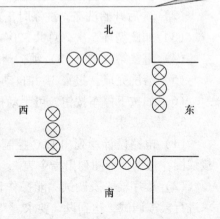

图 4-16　交通信号灯示意图

表 4-8　十字路口交通信号灯控制要求

南北	信号	红灯亮			绿灯亮	绿灯闪亮	黄灯亮
	时间	30			25	3	2
东西	信号	绿灯亮	绿灯闪亮	黄灯亮	红灯亮		
	时间	25	3	2	30		

同时亮则应立即自动关闭信号灯系统，并立即发出报警信号。

2. 南北红灯亮维持 30s，此时东西绿灯也亮，并维持 25s 时间；到 25s 时，东西绿灯闪亮，闪亮 3s 后熄灭，在东西绿灯熄灭时，东西黄灯亮 2s 后熄灭；到 2s 时，东西黄灯熄灭，东西红灯亮。同时南北红灯熄灭，南北绿灯亮。

3. 东西红灯亮维持 30s，此时南北绿灯亮维持 25s，然后闪亮 3s 熄灭，接着南北黄灯亮 2s 后熄灭。同时南北红灯亮，东西绿灯亮。

4. 两个方向的信号灯，按上面的要求周而复始地进行工作。

相关知识

步进指令 STL/RET 及编程方法

1. FX_{2N} 的状态元件

状态元件是构成状态转移图的基本元素，是 PLC 的软元件之一。FX_{2N} 共有 1000 个状态元件，见表 4-9。

表 4-9　FX_{2N} 的状态元件

类　　别	元 件 编 号	个　　数	用途及特点
初始状态	S0 ~ S9	10	用作 SFC 的初始状态
返回状态	S10 ~ S19	10	多运行模式控制当中，用作返回原点的状态
一般状态	S20 ~ S499	480	用作 SFC 的中间状态
掉电保持状态	S500 ~ S899	400	具有停电保持功能，停电恢复后需继续执行的场合，可用这些状态元件
信号报警状态	S900 ~ S999	100	用作报警元件使用

2. 步进指令、状态转换图及步进梯形图

步进指令是利用状态转换图来设计梯形图的一种指令，状态转换图可以直观地表达工艺流程。状态转换图中的每个状态都表示顺序工作的一个操作，因此步进指令常用于控制时间和位移等顺序的操作过程。采用步进指令设计的梯形图不仅简单直观，而且使顺序控制变得比较容易，可以大大地缩短程序的设计时间。

FX_{2N} 系列 PLC 的步进指令有两条：步进接点指令 STL 和步进返回指令 RET。

（1）指令格式及梯形图表示方法见表 4-10。

表 4-10 指令格式及梯形图表示方法

指 令	名 称	功 能	梯形图表示	操 作 元 件
STL	步进开始	步进开始	┤▯├	S
RET	返回	步进结束	RST	

（2）使用说明

1）步进接点须与梯形图左母线连接。使用 STL 指令后，LD 或 LDI 指令点被右移，所以当把 LD 或 LDI 点返回母线时，需要使用步进返回指令 RET。也就是说，凡是以步进接点为主体的程序，最后必须用 RET 指令返回母线。

2）状态继电器只有使用 s 指令，才具有步进控制功能。这时除了提供步进常开接点外，还可提供普通的常开接点与常闭接点，但 STL 指令只适用于步进接点。

3）只有步进接点接通时，它后面的电路才能动作。如果步进接点断开，则其后面的电路将全部不动作。当需要保持输出结果时，可利用 S 指令和 R 指令来实现。

4）状态继电器主要用做步进状态，但它也有其他用途。状态继电器可作为普通辅助继电器 M 用，但它不能再提供 STL 步进接点。

5）步进指令后面可以使用跳转 CJP/EJP 指令，但不能使用主控 MC/MCR 指令。

6）状态继电器的复位。状态继电器均具有断电保护功能，即断电后再次通电时，动作从断电时的状态开始。但在某些情况下需要从初始状态开始执行动作，这时则需要复位所有的状态。此时应利用功能指令实现状态复位操作。

在状态转换图 SFC 中，每一状态提供 3 个功能：驱动负载、指定转换条件、置位新状态，如图 4-17 所示。当状态 S20 有效时，输出继电器 Y001 线圈接通。此时，S21、S22 和 S23 的程序都不执行。当 X001 接通时，新状态置位，状态从 S20 转到 S21，执行 S21 中的程序，这就是步进转换作用，图中 X001 是一个状态转换条件。转到 S21 后，输出 Y002 接通，这时 Y001 复位。其他状态继电器之间的状态转换过程，依次类推。

图 4-18 是与图 4-17 相对应的梯形图和语句指令表。

任务实施

1. I/O 点分配

根据任务分析，对输入量、输出量进行分配，见表 4-11。

表 4-11 输入量、输出量的分配

输入量（IN）			输出量（OUT）		
元件代号	功　能	输入点	元件代号	功　能	输出点
SB1	起动按钮	X000	KM1	南北绿灯	Y000
SB2	停止按钮	X001	KM2	南北黄灯	Y001
			KM3	南北红灯	Y002
			KM4	警灯	Y003
			KM5	东西绿灯	Y004
			KM6	东西黄灯	Y005
			KM7	东西红灯	Y006

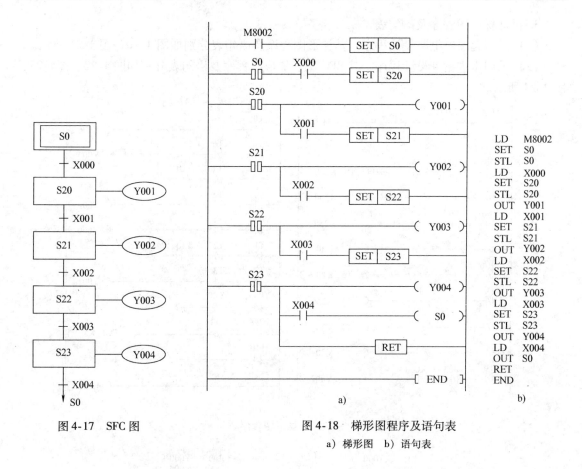

图 4-17　SFC 图

图 4-18　梯形图程序及语句表

a）梯形图　　b）语句表

2. 绘制 PLC 硬件接线图

根据图 4-16 所示及 I/O 分配表，绘制 PLC 硬件接线图，如图 4-19 所示，按图连接电路以保证硬件接线操作正确。

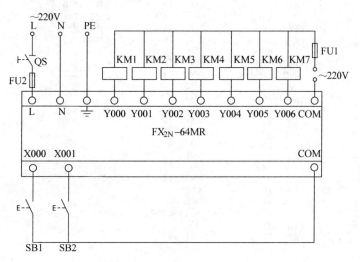

图 4-19　PLC 硬件接线图

3. 设计梯形图程序及语句表

（1）采用起保停电路设计程序　其梯形图程序及语句表分别如图4-20、图 4-21 所示。

（2）采用步进指令设计程序　其 SFC 图、梯形图程序及语句表分别如图 4-22、图4-23、图 4-24 所示。

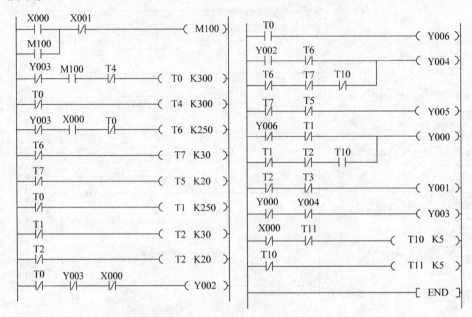

图 4-20　梯形图程序

```
LD    X000        LDI   T2         LD    Y000
OR    M100        OUT   T3         ANI   Y004
ANI   X001              K20        OUT   Y003
OUT   M100        LDI   T0         LD    X000
LDI   Y003        ANI   Y003       ANI   T11
AND   M100        ANI   X000       OUT   T10
ANI   T4          OUT   Y002             K5
OUT   T0          LD    T0         LD    T10
      K300        OUT   Y006       OUT   T11
LDI   T0          LD    Y002             K5
OUT   T4          ANI   T6         END
      K300        LD    T6
LDI   Y003        ANI   T7
AND   X000        AND   T10
ANI   T0          ORB
OUT   T6          OUT   Y004
      K250        LD    T7
LDI   T6          ANI   T5
OUT   T7          OUT   Y005
      K30         LD    Y006
LDI   T7          ANI   T1
OUT   T5          LD    T1
      K20         ANI   T2
LDI   T0          AND   T10
OUT   T1          ORB
      K250        OUT   Y000
LDI   T1          LD    T2
OUT   T2          ANI   T3
      K30         OUT   Y001
```

图 4-21　语句表程序

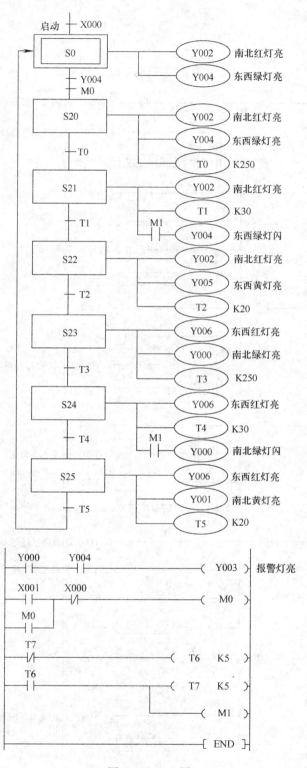

图 4-22 SFC 图

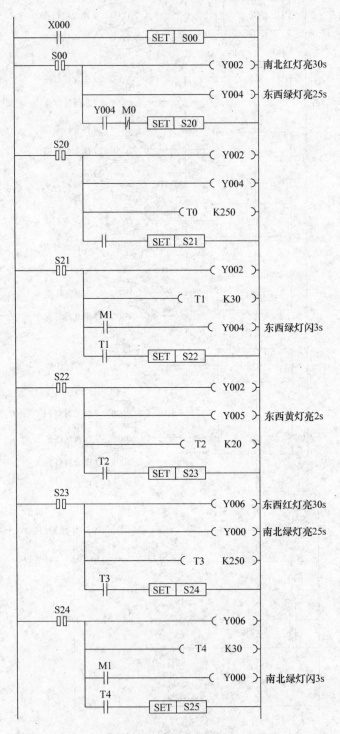

图 4-23　梯形图程序

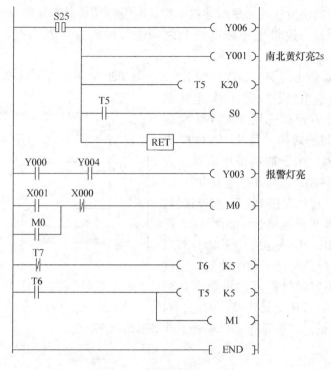

图 4-23　梯形图程序（续）

知识链接

三菱 FX_{2N} 系列 PLC 与上位机通信的硬件连接

PLC 与计算机之间实现通信，可使二者互补功能上的不足，PLC 用于控制方面既方便又可靠，而计算机在图形显示、数据处理、打印报表以及中文显示等方面都有很强的功能。因此，各 PLC 制造厂家纷纷开发了适用于本公司各种型号 PLC 与计算机通信的接口模块。

三菱 FX_{2N} 系列 PLC 的编程接口采用 RS-422 标准，而计算机的串行口采用 RS-232 标准。RS-232 与 RS-422 标准在信号的传送、逻辑电平均不相同。因此，作为实现 PLC 与计算机通信的接口电路，必须将 RS-422 标准转换成 RS-232 标准。

RS-232 采用单端接收器和单端发送器，即只用一根信号线来传送信息，并且根据该信号线上电平相对于公共信号地电平的大小来决定逻辑的"1"（-3～-15V）和"0"（+3～+15V）；

RS-422 标准是一种以平衡方式传输的标准，即双端发送和双端接收，根据两条传输线之间的电位差值来决定逻

```
LD    X000        LD    T3
SET   S00         SET   S24
STL   S00         STL   S24
OUT   Y002        OUT   Y006
OUT   Y004        OUT   T4
LD    Y004              K30
ANI   M0          LD    M1
SET   S20         OUT   Y000
STL   S20         LD    T4
OUT   Y002        SET   S25
OUT   Y004        STL   S25
OUT   T0          OUT   Y006
      K250        OUT   Y001
LD    T0          OUT   T5
SET   S21              K20
STL   S21         LD    T5
OUT   Y002        OUT   S0
OUT   T1          RET
      K30         LD    Y000
LD    M1          AND   Y004
OUT   Y004        OUT   Y003
LD    T1          LD    X001
SET   S22         OR    M0
STL   S22         ANI   X000
OUT   Y002        OUT   M0
OUT   Y002        LDI   T7
OUT   T2          OUT   T6
      K20               K5
LD    T2          LD    T6
SET   S23         OUT   T7
STL   S23               K5
OUT   Y006        OUT   M1
OUT   Y000        END
OUT   T3
      K250
```

图 4-24　语句表程序

辑状态。RS-422 电路由发送器、平衡连接电缆、电缆终端负载和接收器组成。它通过平衡发送器和差动接收器将逻辑电平和电位差之间进行转换（ + 2V 表示 "0"， − 2V 表示 "1"）。

可选用 MAXIM 公司的 MAX202 实现 RS-232 与 TTL 之间的电平转换，MAX202 内部有电压倍增电路和转换电路，仅需 + 5V 电源就可工作，使用十分方便；选用 MAX490 实现 RS-422 与 TTL 之间的转换，每片 MAX490 有一对发送器/接收器，由于通信采用全双工方式，故需两片 MAX490，还需外接 4 只电容。

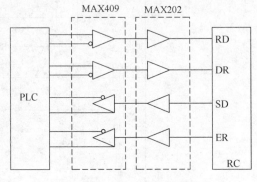

图 4-25   接口硬件电路图

PLC 的 RS-422 接口配接 DB-25 型连接器，而 PC 机一般用 DB-9 型连接器。如图 4-25 所示。将 RS-232 的 RS、CS 短接，这样对计算机发送数据来说，PLC 总是处于就绪状态。也就是说，计算机在任何时候都可以将数据送到 PLC 内。又由于 DR、ER 交叉连接，因此，对计算机接收数据来说，必须等待至 PLC 处于准备就绪状态。

技能训练

应用 PLC 控制剪板机控制程序的设计与调试

1. 准备要求

设备：1 个起动按钮 SB1，1 个停止按钮 SB2，4 个行程开关 SQ1 ~ SQ4 和 1 台电动机 M 及其相应的元器件等。

2. 控制要求

某剪板机的示意图如图 4-26 所示。开始时压钳和剪刀在上限位置，限位开关 SQ1 和 SQ2 闭合。按下启动按钮后，板料右行至限位开关 SQ3 处，然后压钳下行，压紧板料后压力继电器吸合，压钳保持压紧，剪刀开始下行。剪断板料后，压钳和剪刀同时上行，分别碰到限位开关 SQ1 和 SQ2 后，停止上行。压钳和剪刀都停止后，又开始下一周期的工作。剪完 10 块料后，停止工作并返回到初始状态。

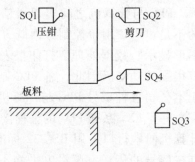

图 4-26   剪板机的示意图

3. 考核要求

（1）电路设计   列出 PLC 控制 I/O 接口元件地址分配表，设计梯形图及 PLC 控制 I/O 接线图，根据梯形图列出指令表。

（2）程序输入及调试   能熟练操作计算机或编程器，正确地将所编程序输入 PLC，按控制要求进行模拟调试，达到设计要求。

（3）评价标准

考核要求及评分标准见表 4-12。

表 4-12　考核要求及评分标准

考核项目	考核要求	配分	评分标准	扣分	得分	备注
电路设计	根据任务，设计主电路图，列出 PLC 控制 I/O 元件地址分配表，根据加工工艺，设计梯形图及 PLC 控制 I/O 口接线图，根据梯形图，列出指令表	20	1. 电路图设计不全或设计有错，每处扣 2 分 　2. I/O 地址遗漏或搞错，每处扣 1 分 　3. 梯形图表达不正确或画法不规范，每处扣 2 分 　4. 接线图表达正确或画法不规范，每处扣 2 分 　5. 指令有错，每条扣 2 分			
程序输入及调试	熟练操作 PLC 键盘，能正确地将所编程序输入 PLC，按照被控设备的动作要求进行模拟调试，达到设计要求	20	1. 不会熟练操作 PLC 键盘输入指令，扣 2 分 　2. 不会用删除、插入、修改等命令，每项扣 2 分 　3. 缺少 1 个动作功能，扣 8 分			
时间	240min		提前正确完成，每 5min 加 2 分 超过规定时间，每 5min 扣 2 分			
开始时间：			结束时间：		实际时间：	
合计得分：						

思考与练习

1. 使用步进指令应注意哪些问题？
2. 顺序功能图由哪几部分组成？
3. 绘制顺序功能图时应注意哪些问题？

项目五　认识变频器控制系统

变频器是将固定频率的交流电变换为频率连续可调的交流电的装置。变频器的问世，使电气传动领域发生了一场技术革命，即交流调速取代直流调速。交流电动机变频调速技术具有节能、改善工艺流程、提高产品质量和便于自动控制等诸多优势，被国内外公认为最有发展前途的调速方式。变频器技术随着微电子技术、电力电子技术、计算机技术和自动控制技术等的不断发展而变化。为进一步认识变频器控制系统，下面分为 3 个任务来进行学习。

任务一　恒压供水系统的控制

任务目标

1. 了解变频器的构成和变频原理。
2. 熟悉变频器控制电路。
3. 了解恒压供水的基本原理。

任务分析

供水系统对于生活小区、工业或特殊用户是非常重要的，若自来水供水因故压力不足或短时断水，将会影响居民生活，工业生产，严重时使设备损坏和产品报废；如果此时发生火灾，更会引起重大损失和人员伤亡。传统的供水系统大体有两种：一种是采用高位水箱，另一种是采用恒速泵打水。前者造价较高，投资成本大；后者使泵满负荷运转，无法调节水量，因而浪费电能；而且管道中水压不稳，时高时低。

自从通用变频器问世以来，变频器就凭借其高动态、高性能、大容量、节能等显著的特点，以及优越的调速性能和节能优势得到广泛应用。变频调速恒压供水设备凭借其节能、安全、高品质的供水质量等优点，使我国供水行业的技术装备水平从 20 世纪 90 年代初经历了一次飞跃。恒压供水调速系统实现了水泵电动机无级调速，并依据用水量的变化自动调节系统的运行参数，在用水量发生变化时保持水压恒定以满足用水要求。

国内外的资料表明，恒压供水调速系统使用的变频设备可使水泵运行的平均转速比工频转速降低 20%，从而大大降低能耗，节能效率可达 20% ~ 40%。该系统节约了电费、降低了生产成本、减少了起动时对电网的冲击，改善了工作环境，并易于实现自动化，是当今世界上最先进、合理的节能型供水系统。

某化工厂的废水处理采用循环系统，将生产车间产生的废水收集至废水池，经过一系列物理、化学处理后，回送至车间使用。该控制系统主要由两部分组成，即水处理系统和自动恒压供水系统。自动恒压供水系统可根据生产车间瞬时变化的用水量，以及与其对应的压力两种参数，通过 PLC 和变频器自动调节水泵的转数及台数，来改变水泵出口的压力和流量，使车间的用水压力保持恒定值。

1. 供水系统结构

供水系统如图 5-1 所示。P1、P2 为加压泵，用于向车间加压供水，F1、F2 为手动阀门，F3、F4 为止回阀。正常供水时，F1、F2 为开启状态，只有在检修时才关闭。蓄水池内设有液位控制，当蓄水池内水位过低时，它会向 PLC 发送信号使系统停机，以防水泵抽空。该系统设有选择开关，可选择系统在自动或手动状态下工作。当选择手动状态时，可分别通过按钮控制两台泵单独在工频下运行或停止，这主要用于定期检修临时供水。当选择自动状态时，可实现恒压变量供水。

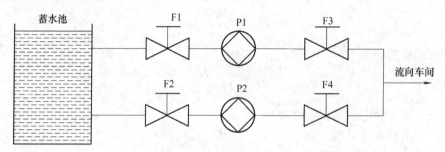

图 5-1　供水系统示意图

2. 系统工作过程

PLC 利用变频器软启动一台加压泵，此时安装在管网上的传感器将实测的管网压力反馈给变频器，与变频器预先设定的给定压力值进行比较，通过变频器内部 PID 运算，调节变频器输出频率，如图 5-2 所示。开始时，假设系统用水量不大，只有 P1 泵在变频运行，P2 泵停止，系统处于状态 I；当用水量增加时，变频器频率随之增加，P1 泵转速增加，当频率增加到 50Hz 即最高转速运行时，只有一台水泵工作满足不了用户的用水需求，此时变频器控制 P1 泵从变频电源切换到工频电源，而变频器起动 P2 泵，系统处于状态 II；在这之后若用水量减少，则变频器频率下降，若降到设定的下限频率时，即表明一台水泵即可满足用户需求，此时在变频器的控制下，P1 泵停机，P2 泵变频运行，系统处于状态 III；当用水量又增加、变频器频率达到 50Hz 时，P2 泵从变频电源切换到工频电源，而变频器起动 P1 泵变频工作，系统过渡状态 IV；系统处于状态 IV 时，若用水量又减少，变频器频率下降到设定下限频率，系统又从状态 IV 过渡到状态 I，如此循环往复。整体工作过程可用图 5-3 来描述。

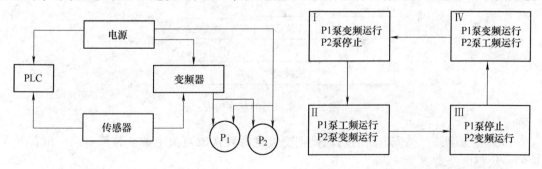

图 5-2　控制原理框图　　　　　　　　　图 5-3　两台水泵供水时顺序运行过程

选用什么型号的 PLC 和变频器实现本任务？变频器的系统参数如何设置？变频器接线

应注意哪些问题？通过本任务的学习来解决这些问题。

相关知识

1. 变频调速基本原理

变频调速是通过改变电动机定子的供电频率来改变同步转速，从而实现交流电动机调速的一种方法，变频调速的调速范围宽，平滑性好，具有优良的动、静态特性，是一种理想的高效率、高性能的调速手段。

根据电机学原理可知，交流电动机的同步转速为

$$n_0 = \frac{60f_1}{p}$$

异步电动机的转速为

$$n = n_0 \ (1-s) \ = \frac{60f_1}{p} \ (1-s)$$

式中，f_1——定子供电频率，单位为 Hz；

p——电动机极对数；

s——转差率。

由此可见，若能连续地改变异步电动机的供电频率 f_1，就可以平滑地改变电动机的同步转速和相应的电动机转速，从而实现异步电动机的无级调速，这就是变频调速的基本原理。变频调速的最大特点是：电动机从高速到低速，其转差率始终保持最小的数值，因此变频调速时，异步电动机的功率因素都很高。可见，变频调速是一种理想的调速方式。但它需要由特殊的变频装置供电，以实现电压和频率的协调控制。

2. 变频器的构成

变频器是利用电力半导体器件的通断作用将工频电源变换为另一频率电源的电能控制装置。我们现在使用的变频器主要采用交—直—交方式（VVVF 变频或矢量控制变频），先把工频交流电源通过整流器转换成直流电源，然后再把直流电源转换成频率、电压均可控制的交流电源以供给电动机。变频器的电路一般由整流、中间直流环节、逆变和控制 4 个部分组成。整流部分为三相桥式不可控整流器；中间直流环节为滤波、直流储能和缓冲无功功率；逆变部分为 IGBT 三相桥式逆变器，且输出为 PWM 波形，控制部分主要由主控板、键盘、显示板、电源板、外接控制电路等组成。

变频器主要由主回路（包括整流器、平波电路、逆变器）和控制回路组成。如图 5-4 所示。

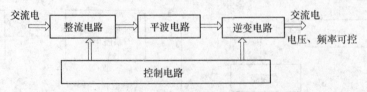

图 5-4　变频器的基本构成

（1）整流电路　整流电路的功能是把交流电源转换成直流电源。整流电路一般都是单独的一块整流模块。

（2）平波回路　在整流器整流后的直流电压中，含有电源 6 倍频率的脉动电压，此外逆变器产生的脉动电流也使直流电压变动。为了抑制电压波动，采用电感和电容吸收脉动电

压（电流）。装置容量小时，如果电源和主电路构成器件有余量，可以省去电感采用简单的平波回路。

（3）逆变电路　与整流器的功能相反，逆变器是将直流功率变换为所要求频率的交流功率，以所确定的时间使 6 个开关器件导通、关断就可以得到 3 相交流输出。

（4）控制电路　现在变频调速器基本是用 16 位、32 位单片机或 DSP 为控制核心，从而实现全数字化控制。

任务实施

1. 变频器的选用

变频器可选用日本三菱变频器 FR-E540-4K 产品，适配电机 4kW。该变频器基本配置中带有 PID 功能，通过变频器面板设定一个给定频率作为压力给定值，压力传感器反馈来的压力信号（0-10V）接至变频器的辅助输入端作为压力反馈，变频器根据压力给定和实测压力，调节输出频率，改变水泵转速，控制管网压力保持在给定压力值以上。

2. PLC 的选用

PLC 可选用日本三菱公司的 FX_{2N}-32MR 产品。加压泵 P1、P2 可变频工作，也可工频工作，共 4 个工况，需 PLC 的 4 个输出信号控制。变频器的开通与关断由 PLC 的一个输出信号控制，蓄水池水位过低及声响报警分别占用 PLC 的两个输入点；加压泵 P1、P2 的过载信号占 PLC 的一个输入点；有紧急情况（如发生供电相序故障等）需要紧急停车时，系统设有一个急停按钮，占用 PLC 的一个输入点；以控制整个系统全线停车。系统分自动和手动工作方式，由一个选择开关 K 控制，它连接 PLC 的一个输入点。

3. 系统参数的确定

该供水系统的用水量变化较大，要求系统具有快速反应能力及良好的稳定性。因此在确定 PID（P：比例功能，I：积分功能，D：微分功能）参数时要兼顾系统的稳固性和灵敏度，P 参数尽可能大，以保证系统有良好的稳定性，在集中供水时保证系统压力在设计要求的恒压范围内；I、D 参数的选取应保证系统具有良好的灵敏度和搞干扰性。各参数的取值可设为 P：60-80；I：10-15；D：1-3。

4. 安装与配线注意事项

（1）变频器的输入端 R、S、T 和输出端 U、V、W 绝对不允许接错，否则将引起两相间的短路而将逆变管迅速烧坏。

（2）变频器都有一个接地端子，用户应将此端子与大地相接。当变频器与其他设备，或多台变频器一起接地时，每台设备都必须分别和地线相接，不允许将一台设备的接地端和另一台设备的接地端相连接后再接地。

（3）在进行变频器的控制端子接线时，务必与主动力线分离，也不要配置在同一配线管内，否则有可能产生误动作。

知识链接

变频器技术的发展

1. 变频器发展的历程

从变频器的发展过程可知，变频器的主电路均以电力电子器件作为开关器件。因此，电力电子器件是变频器发展的基础。

第一代电力电子器件是出现于 1956 年的晶闸管。晶闸管是电流控制型开关器件,只能通过门极控制其导通而不能控制其关断,所以也称为半控器件。由晶闸管组成的变频器工作频率较低,应用范围很窄。

第二代电力电子器件是以门极关断(GTO)晶闸管和电力晶体管(GTR)为代表,在 20 世纪 60 年代发展起来的。这两种是电流型自关断器件,可以方便地实现逆变和斩波,然而,其开关频率仍然不高,一般在 5kHz 以下。尽管这时已经出现了脉宽调制(PWM)技术,但因斩波频率和最小脉宽都受到限制,难以得到较为理想的正弦脉宽调制波形,使异步电动机在变频调速时产生刺耳的噪声,因而限制了变频器的推广和应用。

第三代电力电子器件是以电力 MOS 场效应晶体管(MOSFET)和绝缘栅双极型晶体管(IGBT)为代表,在 20 世纪 70 年代开始应用。这两种是电压型自断器件,基极(栅极、门极)信号功率小,其开关频率可达到 20kHz 以上,采用 PWM 的逆变器使谐波噪声大大降低。低压变频器的容量在 380V 级达到了 540kVA;而 600V 级则达到了 700 kVA,最高输出频率可达 400 ~ 600Hz,能对中频电动机进行调频控制。利用 IGBT 构成的高压(3kV/6.3kV)变频器最大容量可达 7460kVA。

第四代是电力电子器件以智能功率模块(IPM)为代表的。IPM 以 IGBT 为开关器件,但集成有驱动电路和保护电路。由 IPM 组成的逆变器只需对桥臂上各个 IGBT 提供隔离的 PWM 信号即可。而 IPM 的保护功能有过电流、短路、过电压、欠电压和过热等,还可以实现再生制动。简单的外部控制电路,使变频器的体积、重量和连接导线的数量大为减少,而功能却大幅提高,可靠性也有较大改善。

2. 变频器发展的趋势

经过 40 多年的发展,电力电子器件已经进入到高电压、大容量化、高频化、组件模块化、微小型化、智能化和低成本化的阶段,多种适宜变频调速的新型电动机也正在研发之中。技术的迅猛发展,以及控制理论的不断创新,这些与变频器有关的技术都将影响其发展的趋势。

(1)网络智能化 智能化的变频器安装到系统中后,不必进行过多的功能设定,就可以方便地操作使用,有明显的工作状态显示,而且能够实现故障诊断与故障排除,甚至可以进行部件自动转换。利用互联网可以进行遥控监视,实现多台变频器按工艺程序联动,形成最优化的变频器综合管理控制系统。

(2)专门化 根据某一类负载的特性,有针对性地制造专门化的变频器,这不但更利于对负载的电动机进行有效控制,而且可以降低制造成本。例如:风机、水泵专用变频器、超重机械专用变频器、电梯控制专用变频器、张力控制专用变频器和空调专用变频器等。

(3)U/f 控制 变频器将相关的功能部件(如参数辨识系统、PID 调节器、PLC 和通信单元等)有选择性地集成到内部组成一体化机,不仅使功能增强,系统可靠性增加,而且可有效缩小系统体积,减少外部电路的连接。现在已经研制出变频器和电动机的一体化组合机,从而使整个系统体积更小,控制更方便。

(4)环保无公害 保护环境,制造"绿色"产品是人类的新理念。今后的变频器将更注重于节能和低公害,即尽量减少使用过程中的噪声和谐波对电网及其他电气设备的污染干扰。

总之，变频器技术的发展趋势是朝着智能、操作简便、功能健全、安全可靠、环保低噪、低成本和小型化的方向发展。

变频器的分类

变频器的种类繁多，应用非常广泛，现就其主要的几种分类进行介绍，如表 5-1 所示。

表 5-1　变频器的种类

分类方式	变频器名称	功能、特点	备　注
按变换的结构	交-交变频器	将恒压工频的交流电源变换成频率和电压连续可调的交流电源。连续可调的频率范围为额定频率的 1/3 ~ 1/2	用于容量较大的低速拖动系统
	交-直-交变频器	先将工频交流电源通过整流器变成直流电，再经过逆变器将直流电变换成可控频率和电压的交流电	目前广泛采用的变频方式
按直流电源的性质	电压型变频器	在直流侧并联了一个大滤波电容，用来存储能量以缓冲直流回路与电动机之间的无功功率传输。供电电源的低阻抗使它具有恒压电源的特性	通用变频器大多是电压型变频器
	电流型变频器	在直流回路中串联了一个大电感，用来限制电流的变化以吸收无功功率。由于串入了大电感，故电源的内阻很大，直流电流趋于平稳，类似恒流源	用于频繁急加减速的大容量电动机的传动
按控制方式	U/f 控制变频器	改变频率的同时控制变频器输出电压，使电动机磁通保持一定，在大范围内调速运行，电动机的效率、功率因数不下降	现在通用变频器及风机和泵类机械的驱动多采用 U/f 控制方式，如日本 SAMCO 公司生产的 SVF 变频器
	转差频率控制变频器	通过控制转差频率来控制转矩和电流，与 U/f 控制相比，其加、减速更平滑，限制过电流的能力更高	是对 U/f 控制的一种改进方式
	矢量控制变频器	将异步电动机的定子电流分为产生磁场的电流分量（励磁电流）和与其垂直的产生转矩的电流分量（转矩电流），并分别加以控制	异步电动机定子电流的幅值和相位必须能够独立控制，如 Schneider 公司生产的 ATV 系列变频器
	直接转矩控制变频器	直接把转矩作为被控矢量来控制。转矩控制是控制定子磁链，并能实现无传感器测速	如 ABB 公司推出的 ACS600 变频器
按输出电压调节方式	PAM 方式（脉冲幅值调节方式）	逆变器只负责调节输出频率，而输出电压幅值的调节靠整流器或其他环节完成，控制电路复杂，低速时波动较大	现在较少采用此种控制方式
	PWM 方式（脉冲宽度调制方式）	在逆变电路部分同时对输出电压的幅值和频率进行控制的控制方式	目前多采用改变 PWM 输出的脉冲宽度，使输出电压的平均值接近正弦波，进一步增加调速的平滑性

任务二　电梯的控制

任务目标

1. 熟练操作变频器键盘，并能正确输入参数。
2. 了解变频器在电梯控制系统中的应用。
3. 了解变频器的安装及注意事项。

任务分析

目前电梯的控制普遍采用了两种方式，第一种是采用计算机作为信号控制单元，完成电梯信号的采集、运行状态和功能的设定，实现电梯的自动调度和集选运行功能，拖动控制由变频器来完成；第二种是用 PLC 取代计算机实现信号集选控制。从控制方式和性能上来说，这两种方法并没有太大的区别。国内厂家大多选择第二种方式，其原因在于自己设计和制造计算机控制装置成本较高；而 PLC 的生产规模较小，且使用起来可靠性高、程序设计方便灵活。

现有一电梯系统电路如图 5-5 所示，在用 PLC 控制变频调速实现电流、速度双闭环控制的基础上，在不增加硬件设备的条件下，实现电流、速度、位移三环控制。

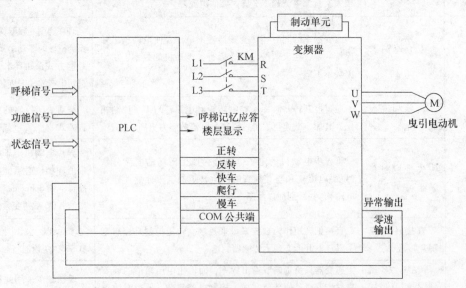

图 5-5　系统电路原理图

电梯的一次完整的运行过程，就是曳引电动机从起动、匀速运行到减速停车的过程。当正转（反转）时，电动机从 0~50Hz 开始起动，起动时间在 3s 左右，然后维持 50Hz 的速度一直运行，完成起动及运行段的工作。当换速信号到来后，PLC 撤销高速信号，同时输出爬行信号。此时爬行的输出频率为 6Hz（或 4Hz）。从 50Hz 到 6Hz 的减速过程在 3s 内完成，当达到 6Hz 后，就以此速度爬行。当平层信号到来时，PLC 撤掉正转（反转）信号及爬行信号，此时电动机输出频率从6Hz降到0Hz。之后零速输出点断开，通过PLC抱闸及自动开门。

变频器控制的电梯系统中，变频器只完成调速功能，而逻辑控制部分是由PLC来完成的。PLC负责处理各种信号的逻辑关系，从而向变频器发出启动停止等信号，同时变频器也将本身的工作状态信号传送给PLC，形成双向联络关系。

选用什么型号的PLC和变频器实现本任务？通过本任务的学习来解决这个问题。

相关知识

1. 变频器主要参数的设定

变频器控制电动机以不同方式运行，主要通过其参数的不同设置来实现，不同型号的变频器其参数的含义是不一样的，以富士变频器基本参数的名称为例做一介绍。

（1）频率限制　即变频器输出频率的上、下限幅值。频率限制是为了防止误操作或外接频率设定信号源出故障，引起输出频率的过高或过低而损坏设备的一种保护功能。在应用中按实际情况设定即可。此功能还可作限速使用，如有的皮带输送机，由于输送物料不太多，为减少机械和皮带的磨损，可采用变频器驱动，并将变频器的上限频率设定为某一频率值，这样就可使皮带输送机运行在一个固定、较低的工作速度上。

（2）频率设定信号增益　此功能仅在用外部模拟信号设定频率时才有效。它用来弥补外部设定信号电压与变频器内部电压不一致的问题；同时方便模拟设定信号电压的选择，设定时，当模拟输入信号为最大时，求出可输出 f/V 图形的频率百分数并以此为参数进行设定即可；如外部设定信号为 0～5V 时，若变频器输出频率为 0～50Hz，则将增益信号设定为200%即可。

（3）加减速时间　加速时间就是输出频率从0Hz上升到最大频率的所需时间，减速时间是指从最大频率下降到0Hz的所需时间。通常用频率设定信号上升、下降来确定加减速时间。在电动机加速时须限制频率设定的上升率以防止过电流，减速时则限制下降率以防止过电压。

加速时间设定要点：将加速电流限制在变频器过电流容量以下，不使过流失速而引起变频器跳闸；减速时间设定要点：防止平滑电路电压过大，不使再生过压失速而使变频器跳闸。加减速时间可根据负载计算出来，但在调试中常采取按负载和经验先设定较长加减速时间，通过起、停电动机观察有无过电流、过电压报警；然后将加减速设定时间逐渐缩短，以运转中不发生报警为原则，重复操作几次，便可确定出最佳加减速时间。一般11kW以下电动机可设置在10s之内，11kW以上电动机可设置在15～60s或更长。

（4）转矩提升　又叫转矩补偿，是为补偿因电动机定子绕组电阻所引起的低速时转矩降低，而把低频率范围 f/V 增大的方法。设定为自动时，可使加速时的电压自动提升以补偿起动转矩，使电动机加速顺利进行。如采用手动补偿时，根据负载特性，尤其是负载的起动特性，通过试验可选出较佳曲线。对于变转矩负载，如选择不当会出现低速时的输出电压过高，而浪费电能的现象，甚至还会出现电动机带负载起动时电流大，而转速上不去的现象。

（5）电子热过载保护　为保护电动机过热而设置！它是变频器内CPU根据运转电流值和频率计算出电动机的温升，从而进行过热保护。只适用于"一拖一"场合，而在"一拖多"时，则应在各台电动机上加装热继电器。

电子热保护设定值（%）＝［电动机额定电流/变频器额定输出电流］×100%。

（6）偏置频率　有的又叫偏差频率或频率偏差设定。其用途是当频率由外部模拟信号（电压或电流）进行设定时，可用此功能调整频率设定信号最低时输出频率的高低。

（7）加减速模式选择　又叫加减速曲线选择。一般变频器有线性、非线性和 S 三种曲线，通常选择线性曲线；非线性曲线适用于变转矩负载，如风机等；S 曲线适用于恒转矩负载，其加减速变化较为缓慢。设定时可根据负载转矩特性，选择相应曲线，但也有例外，笔者在调试一台锅炉引风机的变频器时，先将加减速曲线选择为非线性曲线，一起动运转变频器就跳闸，调整改变许多参数无效果，后改为 S 曲线后就正常了。究其原因是：起动前引风机由于烟道烟气流动而自行转动，且反转成为负向负载，这样选取了 S 曲线，使刚起动时的频率上升速度较慢，从而避免了变频器跳闸的发生，当然这是针对没有起动直流制动功能的变频器所采用的方法。

（8）转矩限制　可分为驱动转矩限制和制动转矩限制两种。它是根据变频器输出电压和电流值，经 CPU 进行转矩计算，其可对加减速和恒速运行时的冲击负载恢复特性有显著改善。转矩限制功能可实现自动加速和减速控制。假设加减速时间小于负载惯量时间时，也能保证电动机按照转矩设定值自动加速和减速。

驱动转矩功能提供了强大的起动转矩，在稳态运转时，转矩功能将控制电动机转差，而将电动机转矩限制在最大设定值内，当负载转矩突然增大时，甚至在加速时间设定过短时，也不会引起变频器跳闸。在加速时间设定过短时，电动机转矩也不会超过最大设定值。驱动转矩大对起动有利，以设置为 80% ~ 100% 较妥。

制动转矩设定数值越小，其制动力越大，越适合急加减速的场合，如制动转矩设定数值过大会出现过压报警现象。如制动转矩设定为 0%，可使加到主电容器的再生总量接近于 0，从而使电动机在减速时，不使用制动电阻也能减速至停转而不会跳闸。但在有的负载上，如制动转矩设定为 0% 时，减速时会出现短暂的空转现象，造成变频器反复起动，电流大幅度波动，严重时会使变频器跳闸，应引起注意。

2. 变频器的安装及使用知识

变频器的数字操作显示面板如图 5-6 所示。

（1）变频器的键盘配置

1）模式转换键。用来更改工作模式，如显示、运行及程序设定模式等。常见的符号有 MOD、PRG 等。

2）增减键。用于增加或减小数据。常见的符号有 △或∧或↑、▽或∨或↓。有的还配置了横向移位键（≫或＞），用以加速数据更改。

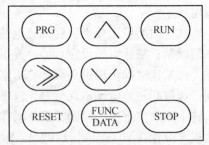

图 5-6　变频器的数字操作显示面板

3）读出、写入键。在程序设定模式下，用于"读出"和"写入"数据码。常见的符号有 SET、READ、WRT、DATA、ENTER 等。

4）运行操作键。在键盘运行模式下，用来进行"运行"、"停止"等操作。如 RUN（运行）、FWD（正转）、REV（反转）、STOP（停止）、JOG（点动）等。

5）复位键。用于在故障跳闸后，使变压器恢复为正常状态，如 RESET、RST。

6）数字键。在设定数字码时，可直接输入所需的数据。

（2）预置流程　功能预置必须在"编程模式"下进行。其具体步骤如下：

1）找出需要预置的功能码。

2）"读出"该功能码中原有数据。

3）修改数据或数据码。

4）"写入"新数据。

（3）变频器安装配线应注意事项

1）在电源与变频器之间，通常要接入低压断路器和接触器，以便在发生故障时能迅速切断电源。

2）在变频器和电动机之间一般不允许接入接触器。

3）由于变频器具有电子热保护功能，一般情况下可以不接热继电器。

4）变频器输出侧不允许接电容器，也不允许接电容式单相电动机。

任务实施

1. PLC 的选用

PLC 可选用日本三菱公司的 FX_{2N}-64MR 产品。PLC 接收来自操纵盘和每层呼梯盒的召唤信号、轿厢和门系统的功能信号以及井道和变频器的状态信号，经过程序判断与运算实现电梯的集选控制。PLC 在输出显示和监控信号的同时，向变频器发出运行方向、启动、加/减速运行和制动停梯等信号。

2. 变频器的选用

变频器可选用日本三菱公司的 FR-E540 产品，变频器本身设有电流检测装置，由此构成电流闭环；通过和电动机同轴连接的旋转编码器，产生 a、b 两相脉冲进入变频器，在确认方向的同时，利用脉冲计数构成速度闭环。利用现有旋转编码器构成速度环的同时，通过变频器的 PG 卡输出与电动机速度及电梯位移成比例的脉冲数，将其引入 PLC 的高速计数输入端口，通过累计脉冲数，计算出脉冲当量，由此确定电梯的位置。

任务三　机电一体化实训考核装置的控制

任务目标

1. 熟悉变频器的抗干扰措施。

2. 熟悉变频器控制电路的安装要求。

3. 能正确设置变频器的控制参数。

任务分析

亚龙 YL-235 型光机电一体化实训考核装置，如图 5-7 所示，它由铝合金导轨式实训台、上料机构、上料检测机构、搬运机构、物料传送和分拣机构等组成。

控制系统采用模块组合式，由 PLC 模块、变频器模块、按钮模块、电源模块、接线端子排和各种传感器等组成。PLC 模块、变频器模块、按钮模块等可按实训需要进行组合、安装、调试。

整机工作过程如图 5-8 所示。

按下启动按扭后，PLC 起动送料电动机驱动放料盘旋转，物料由送料槽滑到物料提升位置，物料检测光电传感器开始检测；如果送料电动机运行 4s 后，物料检测光电传感器仍未

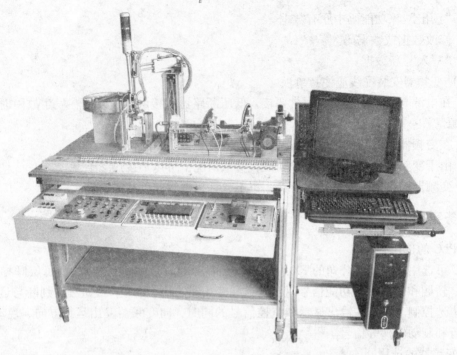

图 5-7 亚龙 YL–235 型光机电一体化实训考核装置

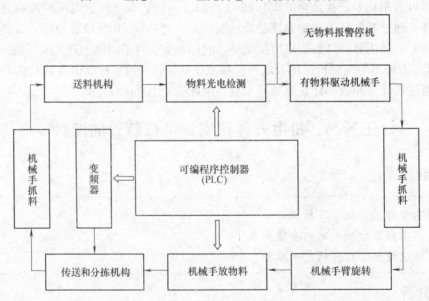

图 5-8 整机工作过程

检测到物料，则说明送料机构已经无物料，这时要停机报警；当物料检测光电传感器检测到有物料时，将给 PLC 发出信号，由 PLC 驱动上料单向电磁阀上料，机械手臂伸出手爪下降抓物，然后手爪提升、手臂缩回，手臂向右旋转到右限位，手臂伸出，手爪下降将物料放到传送带上，传送带输送物料，传感器则根据物料性质（金属或非金属），分别由 PLC 控制相应电磁阀使气缸动作，对物料进行分拣。最后机械手返回原位重新开始下一个流程。

选用什么型号的 PLC 和变频器实现本任务？如何接线？通过对本任务的学习来解决这

些问题。

相关知识

1. 变频器的选择

变频器的选择不但与电动机的结构形式、容量有关，还与电动机的负载类型有关。

（1）笼型异步电动机　对于笼型异步电动机，选择变频器时应考虑以下几点：

1）依据负载电流选择变频器，所选变频器的额定电流应大于标准电动机的额定电流，变频器的容量应大于或等于标准电动机的功率。

2）通常标准电动机在低速下使用时，必须考虑温升因素会相应的减少运转转矩（电流）使用，对于恒转矩负载必须加大电动机和变频器的容量，但对于风机、泵类等二次方律转矩负载可以使用。

3）在负载变动大或需要起动转矩大等情况下，要选择容量高一个等级的电动机与变频器。

4）通用变频器当中有的可以输出工频以上的频率，但电动机是以在工频条件下运转为前提而制造的，因此在工频以上的频率条件下使用时，必须确认电动机允许的最高频率范围。

（2）绕线转子异步电动机　采用变频器控制运行，大多是利用已有的电动机对老旧设备进行改造。改用变频器调速时，可将绕线转子异步电动机的转子短路，去掉电刷和起动器。考虑电动机输出时的温升问题，所以容量要降低10%以上。由于绕线转子异步电动机转子内阻较小，是一种高效的笼型异步电动机，但容易发生谐波电流引起的过电流跳闸现象，所以应选择比通常容量稍大的变频器。

由于绕线转子异步电动机变速负载的 GD^2（飞轮矩）一般比较大，因此设定变频器的加、减速时间要长一些。

（3）变极调速电动机　变极调速电动机可以实现 $2 \sim 4$ 极变速，仅通过改接引线即可。而采用变频器控制后可以实现在更大范围内的调速。变极调速电动机采用变频器控制，选择时应注意以下几点：

1）一定要在电动机停止后切换极数，如果在旋转中切换，切换时将流过很大电流，变频器的过电流保护动作会使电动机处于自由停车状态，而不能继续运转。

2）选择变频器时，要考虑到变极电动机的机座比一般电动机大，电流也大，所以需要选择大容量的变频器。

3）在工频电源下使用的变极电动机改为由变频器控制时，转动部分的强度、轴承寿命等都有限制。特别要注意在高极数下、工频以上运转时最高频率的设置。

（4）带制动器的电动机　在生产设备中，为了电动机定位、安全急停车和停止中的保持，必须使用带机械式制动器的电动机。带制动器的电动机用变频器传动时，需要注意以下几点：

1）由于变频器的输出电压在低速时为低电压，所以电磁铁的吸引力减弱，制动器将不能松开，因此，制动器电源不能同电动机一样接在变频器的输出侧。

2）这种制动器是将机械能利用摩擦变为热能消耗掉，制动能量与转速的二次方成正比。为了防止制动盘的异常磨损、烧伤，因此，通过制动器电动机用变频器控制时必须充分注意从工频以上频率开始的制动。最好先用变频器内置再生制动回路或者选用制动单元减速到工频以下频率，然后再制动。

（5）转矩波动大负载　对于压缩机、振动机等具有转矩波动的负载，以及像油压泵这种具有峰值负荷的负载，如果按照电动机的额定电流或输出值决定变频器，则有可能出现因峰值电流而使过电流保护动作等意外现象。因此，应检查工频运行时的电流波形，变频器的额定电流选用应大于压缩机、振动机的最大电流。

2. 变频器系统的调试

变频器系统的调试工作，其方法、步骤和一般电气设备的调试基本相同，应遵循"先空载、继轻载、后重载"的规律。

（1）通电前的检查　检查变频器的型号是否有误、安装环境有无问题、装置有无脱落或破损、电缆直径和种类是否合适、电气连接有无松动、接线有无错误、接地是否可靠等。

（2）通电检查　在断开电动机负载的情况下，对变频器通电，主要进行以下检查：

1）各种变频器在通电后，显示屏上的显示内容都有一定的变化规律，应对照说明书，观察其通电后的显示过程是否正常。

2）变频器内部都有风机排出内部的热空气，可用手在风口处探视风机的排风量，并注意倾听风机的声音是否正常。

3）测量三相进线电压是否正常？若不正常应查出原因，确保供电电源的正确。

4）根据生产机械的具体要求，对照产品说明书，进行变频器内部各功能的设置。

5）变频器的显示内容可以切换显示，通过操作面板上的操作按钮进行显示内容的切换，观察显示的输出频率、电压、电流、负载率等参数是否正常。

（3）空载试验　将变频器的输出端与电动机相连接，电动机不带负载，主要测试以下项目：

1）对照说明书在操作面板上进行一些简单的操作，如起动、升速、降速、停止、点动等。通过逐渐升高运行频率，观察电动机在运行过程中是否运转灵活，有无杂音，运转时有无振动现象，是否平稳等。

2）对于需要应用矢量控制功能的变频器，应根据说明书的指导，在电动机的空转状态下测定电动机的参数。有的新型变频器也可以在静止状态下进行自动检测。

（4）带负载测试　变频调速系统的带负载试验是将电动机与负载连接起来进行试车。负载试验主要测试的内容如下：

1）低速运行试验。低速运行是指该生产机械所要求的最低转速。电动机应在该转速下运行 1~2h（视电动机的容量而定，容量大者时间应长一些）。主要测试的项目是：①生产机械的运转是否正常。②电动机在满负荷运行时，温升是否超过额定值。

2）全速起动试验。将给定频率设定在最大值，按"起动按钮"，使电动机的转速，从零一直上升至生产机械所要求的最大转速，测试以下内容：①电动机的转速是否从一开始就随频率的上升而上升，如果在频率很低时，电动机不能很快旋转起来，说明起动困难，应适当增大 U/f 比或起动频率。②将显示内容切换至电流显示，观察在起动全过程中的电流变化。如因电流过大而跳闸，应适当延长升速时间并无要求，则最好将起动电流限制在电动机的额定电流以内。③观察整个起动过程是否平稳，即观察是否在某一频率时有较大的振动，如有，则将运行频率固定在发生振动的频率以下，以确定是否发生机械谐振，以及是否有预置回避频率的必要。④对于风机，应注意观察在停机状态下，风叶是否因自然风而反转？如有反转现象，则应预置起动前的直流制动功能。

3）全速停机试验　在停机试验过程中，注意观察以下内容：①把显示内容切换至直流电压显示，观察在整个减速过程中，直流电压的变化情形。如因电压过高而跳闸，应适当延长减速时间。如减速时间不宜延长，则应考虑加入直流制动功能，或接入制动电阻和制功单元。②当频率降至0Hz时，机械是否有"蠕动"现象，并了解该机械是否允许蠕动，如需要制止蠕动时，应考虑预置直流制动功能。

4）高速运行试验　把频率升高至与生产机械所要求的最高转速相对应的值，运行1～2h，并观察：①电动机带负载高速运行时，注意观察当变频器的工作频率超过额定频率时，电动机能否带动该转速下的额定负载。②主要观察生产机械在高速运行时是否有振动。

任务实施

由于电气部分主要由电源模块、按钮模块、PLC模块、变频器模块、三相异步电动机、接线端子排等组成。所有的电气元器件均连接到接线端子排上，通过接线端子排连接到安全插孔，由安全接插孔连接到各个模块，以提高实训考核装置安全性。如图5-9所示。

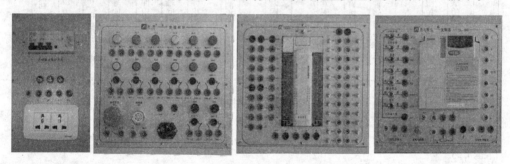

图5-9　电气部分主要模块

电源模块：三相电源总开关（带漏电和短路保护）、熔断器。单相电源插座用于模块电源连接和为外部设备提供电源，模块之间电源连接采用安全导线方式连接。

按钮模块：提供了多种不同功能的按钮和指示灯（DC24V），急停按钮、转换开关、蜂鸣器。所有接口采用安全插连接。内置开关电源（24V/6A）为外部设备提供电源。

PLC模块：采用三菱FX$_{2N}$-48MR继电器输出，所有接口采用安全插连接。

变频器模块：三菱E540-0.75kW控制传送带电动机转动，所有接口采用安全插连接。

警示灯：共有绿色和红色两种颜色。引出线5根，其中并在一起的两根粗线是电源线（红线接"+24"，黑红双色线接"GND"），其余3根是信号控制线（棕色线为控制信号公共端，如果将控制信号线中的红色线和棕色线接通，则红灯闪烁，将控制信号线中的绿色线和棕色线接通，则绿灯闪烁）。

1. 三菱PLC控制原理图

选用三菱FX$_{2N}$-48MR PLC控制，其控制原理如图5-10所示。

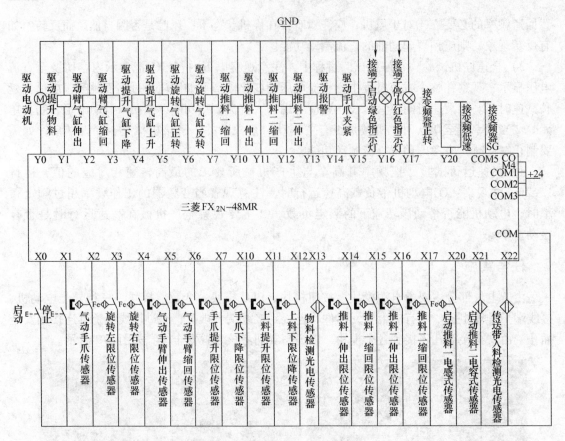

图 5-10　三菱 PLC 控制原理图

2. 三菱 I/O 分配图

见表 5-2。

表 5-2　三菱 PLC I/O 分配图

序　号	输入地址	说　　明	序　号	输入地址	说　　明
1	X0	启动	11	X12	上料气缸下限位
2	X1	停止	12	X13	物料检测（光电）
3	X2	气动手爪传感器	13	X14	推料一气缸前限位
4	X3	旋转左限位（接近）	14	X15	推料一气缸后限位
5	X4	旋转右限位（接近）	15	X16	推料二气缸前限位
6	X5	伸出臂前点	16	X17	推料二气缸后限位
7	X6	缩回臂后点	17	X20	电感式传感器（推料一气缸）
8	X7	提升气缸上限位	18	X21	电容式传感器（推料二气缸）
9	X10	提升气缸下限位	19	X22	传送带物料检测光电传感器
10	X11	上料气缸上限位	20	X23	

（续）

序　号	输出地址	说　　明	序　号	输出地址	说　　明
1	Y0	驱动电机	10	Y11	推料一气缸（推出）
2	Y1	上料电磁阀	11	Y12	推料二气缸（推出）
3	Y2	臂气缸伸出	12	Y13	推料二气缸（缩回）
4	Y3	臂气缸返回	13	Y14	报警输出
5	Y4	提升气缸下降	14	Y15	手爪夹紧
6	Y5	提升气缸上升	15	Y16	停止指示
7	Y6	旋转气缸正转	16	Y17	启动指示
8	Y7	旋转气缸反转	17	Y20	变频器正转
9	Y10	推料一气缸（缩回）	18		变频器低速度

3. 三菱变频器

选用三菱 E540-0.75kW 变频器控制，其结构如图 5-11 所示。

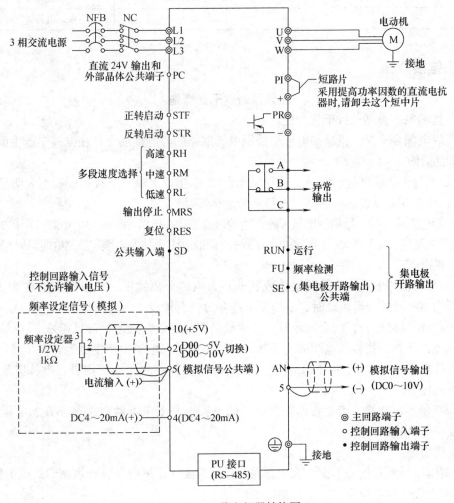

图 5-11　三菱变频器结构图

4. 三菱变频器参数设置

工作时，三菱变频器各参数设置见表 5-3。

表 5-3　三菱变频器参数设置

序　号	参数代号	参数值	说　明
1	P4	35	高速
2	P5	20	中速
3	P6	11	低速
4	P7	5	加速时间
5	P8	5	减速时间
6	P14	0	—
7	P79	2	电动机控制模式
8	P80	默认	电动机的额定功率
9	P82	默认	电动机的额定电流
10	P83	默认	电动机的额定电压
11	P84	默认	电动机的额定频率

知识链接

变频器的抗干扰措施

1. 干扰的基本类型及抗干扰措施。

（1）静电耦合干扰　指控制电缆与周围电气回路的静电容耦合，在电缆中产生的电势。
抗干扰措施：

1）加大与干扰源电缆的距离，达到导体直径 40 倍以上时，干扰程度就不大明显。

2）在两电缆间设置屏蔽导体，再将屏蔽导体接地。

（2）静电感应干扰　指周围电气回路产生的磁通变化在电缆中感应出的电势。干扰的大小取决于干扰源电缆产生的磁通大小，控制电缆形成的闭环面积和干扰源电缆与控制电缆间的相对角度。

抗干扰措施：

1）一般将控制电缆与主回路电缆或其他动力电缆分离铺设，分离距离通常在 30cm 以上（最低为 10cm），分离困难时，将控制电缆穿过铁管铺设。

2）将控制导体绞合，绞合间距越小、铺设的路线越短，抗干扰效果越好。

（3）电波干扰　指控制电缆成为天线，由外来电波在电缆中产生电势。

抗干扰措施：同（1）和（2）所述。必要时将变频器放入铁箱内进行电波屏蔽，屏蔽用的铁箱要接地。

（4）接触不良干扰　指变频器控制电缆的电接点及继电器触电接触不良，电阻发生变化在电缆中产生的干扰。

抗干扰措施：

1）对继电器触点接触不良，采用并联触点或镀金触点继电器或选用密封式继电器。

2）对电缆连接点应定期做拧紧加固处理。

（5）电源线传导干扰　指各种电气设备从同一电源系统获得供电时，由其他设备在电源系统直接产生电势。

抗干扰措施：变频器的控制电源由另外系统供电；在控制电源的输入侧装设线路滤波器；装设绝缘变压器，且屏蔽接地。

（6）接地干扰　指机体接地和信号接地。对于弱电压电流回路及任何不合理的接地均可诱发的各种意想不到的干扰，比如设置两个以上接地点，接地处会产生电位差，产生干扰。

抗干扰措施：

1）速度给定的控制电缆取1点接地，接地线不作为信号的通路使用。

2）电缆的接地在变频器侧进行，使用专设的接地端子，不与其他接地端子共用。并尽量减少接地端子引接点的电阻，一般不大于100Ω。

2. 其他注意事项

（1）装有变频器的控制柜，应尽量远离大容量变压器和电动机。其控制电缆电路也应避开这些漏磁通大的设备。

（2）弱电压电流控制电缆不要接近易产生电弧的断路器和接触器。

（3）控制电缆建议采用$1.25mm^2$或$2mm^2$屏蔽绞合绝缘电缆。

（4）屏蔽电缆的屏蔽要连续到电缆导体同样长。电缆在端子箱中连接时，屏蔽端子要互相连接。

附　　录

附录 A　三菱 FX 系列 PLC 指标与参数

表 A-1　FX 系列 PLC 一般指标与参数

环境温度	0～55°（使用时）　–20～+70℃（储存时）
环境湿度	35%～85%RH（不结露）（使用时）
抗振	JICCO911 标准 10～55Hz 0.5mm（最大 2g）3 轴方向各 2 小时（但用 DIN 导轨安装时 0.5g）
抗冲击	JICCO912 标准 10g 3 轴方向各 3 次
抗噪声干扰	用噪声仿真器产生电压为 1000V_{p-p}，脉冲宽度为 1μs，频率为 30～100Hz 的噪声
耐压	AC1500V1min
绝缘电阻	5MΩ 以上（DC500V 兆欧表）	所有端子与接地端之间
接地	第三种接地，不能接地时也可浮空	
使用环境	无腐蚀性气体，无尘埃

注：FX_0 的电源型：AC500V，1min。

表 A-2　FX 系列 PLC 输入技术指标与参数

项　　目	DC 输入		AC 输入
品种	FX_0，FX_{0N}，FX_2，FX_{2C}	FX_{0N}，FX_{2C}（X10 以内）	FX_2
输入信号电压	DC24V±10%		AC100～120V±10% 50/60Hz
输入信号电流	7mA/DC24V	5mA/DC24V	6.2mA/AC110V 60Hz
输入 ON 电流	4.5mA 以上	3.5mA 以上	3.8mA 以上
输入 OFF 电流	1.5mA 以下	1mA 以下	1.7mA 以下
输入响应时间	约 10ms，但 FX_0 的 X_0～X17 和 FX_{0N} 的 X0～X7，0～15ms 可变		约 30ms 不可高速输入
输入信号形式	无电压接点或 NPN 集电极开路输出晶体管		AC 电压
电路隔离	电路隔离　光耦合隔离（FX_0，FX_{0N}）		
输入动作显示	输入 ON 时 LED 灯亮		

表 A-3　FX 系列 PLC 输出技术指标与参数

项　　目	继电器输出	晶闸管输出	晶体管输出
外部电源	AC250V、DC30V 以下（需外部整流二极管）	AC85V～240V	DC5V～30V

（续）

项　目		继电器输出	晶闸管输出	晶体管输出
最大负载	电阻负载	2A/1 点 8A/4 点公用，8 A/8 点公用	0.3A/1 点 8A/4 点（1A 1 点 2A/4 点）	0.5A/1 点 0.8A/1 点〈0.1A/1 点 0.4A/4 点〉（1A/1 点 2A/1）［0.3A/1 点 1.6A/16 点］
	感性负载	80VA	15VA/AC100V 30VA/AC700V 50VA/AC100V 100VA/AC200V	12W/DC24V〈2.4W/DC24V〉（24W/DC24V）［7.2W/DC24V］
	灯负载	100W	30W（100W）	1.5W/DC24V〈0.3W/DC24V〉（3W/DC24V）［1W/DC24V］
开路漏电流		—	1mA/ AC 100V 2mA/ AC200V（1.5mA/AC 100V 3mA/AC200V）	0.1mA 以下
响应时间		约 10ms	ON 时：1ms OFF 时：10ms	ON 时：0.2ms 以下 OFF 时：0.2ms 以下 大电流时为 0.4ms 以下
电路隔离		机械隔离	光电晶闸管隔离	光耦合隔离
输出动作显示		继电器线圈通电时 LED 灯亮	光电晶闸管驱动时 LED 灯亮	光耦合器驱动时 LED 灯亮

注：〈　〉……FX$_{2C}$基本单元；（　）……大电流扩展模块；［　］……FX 接插件扩展模块输出。

表 A-4　FX$_{2N}$系列 PLC 的基本单元

型　号			输入点数（DC24V）	输出点数	扩展模块最大 I/O 点数
继电器输出	晶闸管输出	晶体管输出			
FX$_{2N}$-16MR	FX$_{2N}$-16MS	FX$_{2N}$-16MT	8	8	16
FX$_{2N}$-24MR	FX$_{2N}$-24MS	FX$_{2N}$-24MT	12	12	16
FX$_{2N}$-32MR	FX$_{2N}$-32MS	FX$_{2N}$-32MT	16	16	16
FX$_{2N}$-48MR	FX$_{2N}$-48MS	FX$_{2N}$-48MT	24	24	32
FX$_{2N}$-64MR	FX$_{2N}$-64MS	FX$_{2N}$-64MT	32	32	32
FX$_{2N}$-80MR	FX$_{2N}$-80MS	FX$_{2N}$-80MT	40	40	32
FX$_{2N}$-128MR		FX$_{2N}$-128MT	64	64	

注：DC 表示直流。

表 A-5　FX$_{2N}$ 系列 PLC 的功能技术指标

项　目		性能指标	注　释	
操作控制方式		反复扫描程序	由逻辑控制 LSI 执行	
I/O 刷新方式		批处理方式（在 END 指令执行时成批刷新）	有直接 I/O 指令及输入滤波器时间常数调整指令	
操作处理时间		基本指令：0.7μs/步	功能指令：几十至几百微秒/步	
编程语言		继电器符号语言（梯形图＋步进顺控指令）	可用 SFC 方式	
程序容量/存储器类型		2K 步 RAM（标准配置）		
		4K 步 EEPROM 卡盒（选配）		
		8K 步 RAM，EEPROM 卡盒（选配）		
指令数		基本逻辑指令 20 条，步进顺控指令 2 条，功能指令 85 条		
输入继电器	DC 输入	DC 24V，7mA，光电隔离	X0 ~ X177（八进制）	I/O 点数一共 128 点
输出继电器	继电器（MR）	AC 250V，DC30V，2A（电阻负载）	Y0 ~ Y177（八进制）	使用寿命据电流的大小（0.5~0.1A）约为 20 万~100 万次，直流负载最好并联一个反相二极，交流负载并加 RC 滤波器
	双向晶闸管（MS）	AC 242V，0.3A/点，0.8A/4 点		最好并加 0.1μF 电容串联 100Ω 电阻的滤波器
	晶体管（MT）	DC 30V，0.5A/点，0.8A/4 点		内部输出端以加齐纳二极管，50V
辅助继电器	通用型		M0 ~ M499（500 点）	范围可通过参数设置来改变
	锁存型	电池后备	M500 ~ M1023（524 点）	
	特殊型		M8000 ~ M8255（256 点）	
状态	初始化用	用于初始状态	S0 ~ S9（10 点）	
	通用		S10 ~ S499（490 点）	可通过参数设置改变其范围
	锁存	电池后备	S500 ~ S899（400 点）	可通过参数设置改变其范围
	报警	电池后备	S900 ~ S999（100 点）	

（续）

项　目		性　能　指　标		注　释	
定时器	100ms	0.1～3276.7s		T0～T199（200点）	
	10ms	0.01～327.67s		T200～T245（46点）	
	1ms（积算）	0.001～32.767s	电池后	T246～T249（4点）	
	100ms（积算）	0.1～3276.7s	备（保持）	T250～255（6点）	
计数器	加计数器	16bit，0～32767	通用型	C0～C99（100点）	范围可通过参数设置
			电池后备	C100～C199（100点）	
	加/减计数器	32bit，0～2147483648	通用型	C200～C219（20点）	范围可通过参数设置
			电池后备	C220～C234（15点）	
	高速计数器	32bit加/减计数	电池后备	C235～C255（21点）（单向计数）	
寄存器	通用数据寄存器	16bit	一对处理32bit	通用型	D0～D199（200点）	范围可通过参数设置改变
		16bit		电池后备	D200～D511（312点）	
	特殊寄存器	16bit		D8000～D8255（256点）	
	变址寄存器	16bit		V、Z（2点）	
	文件寄存器	16bit（存于程序中）电池后备		D1000～D2999（2000点），由参数设置	
指针	跳转/调用			P0～P63（64点）	
	中断	用X0～X5中断输入，计时器中断		I0□□～I8□□（9点）	
嵌套标志		主控线路用		N0～N7（8点）	
常数	十进制（K）	16bit：－32768～32767　32bit：－2147483648～2147483647			
	十六进制（H）	16bit：0～FFFFH　32bit：0～FFFFFFFFH			

注：DC表示直流，AC表示交流。

表A-6　FX系列PLC电源技术指标与参数

品种　　　　项目		电源电压	允许瞬时断电时间	电源熔断器	消耗功率	传感器电源[2]
AC电源 FX$_0$基本	FX$_0$-14M	AC100～240V +10% －15%50/60Hz	瞬间断电时间 在10ms继续工作	250V 3A 5φ*20mm	20V·A	DC24V 100mA以下
	FX$_0$-20M				25V·A	
	FX$_0$-30M				30V·A	
AC电源 FX$_{0N}$基本 扩展	FX$_{0N}$-40M				50V·A	DC24V 200mA以下
	FX$_{0N}$-60M				60V·A	
	FX$_{0N}$-40E				40V·A	
AC电源 FX$_{2N}$基本[1] FX$_{2N}$扩展[1]	FX$_{2N}$-16M				30V·A	DC24V 250mA以下
	FX$_{2N}$-24M				35V·A	
	FX$_{2N}$-32M、FX-32E				40V·A	
	FX$_{2N}$-48M、FX-48E			250V 5A 5φ*20mm	50V·A	DC24V 460mA以下
	FX$_{2N}$-64M				60V·A	
	FX$_{2N}$-80M				70V·A	
	FX$_{2N}$-128M				100V·A	

（续）

品种 ＼ 项目		电源电压	允许瞬时断电时间	电源熔断器	消耗功率	传感器电源②
AC 电源 FX₂c基本	FX₂c-64MT、96MT	AC100～240V +10% -15% 50/60Hz	瞬间断电时间在10ms继续工作	250V 5A 5φ*20mm	80V·A	DC24V 570mA 以下
	FX₂c-128MT、160MT				120V·A	
DC 电源 FX₀基本	FX₀-14MR（T）-D	DC24V +10% -15%	瞬间断电时间在5ms继续工作	250V 3A 5φ*20mm	10W	—
	FX₀-20MR（T）-D				15W	
	FX₀-30MR（T）-D				20W	
DC 电源 FX₂N基本 FX₂N扩展	FX₂N-24MR-D	DC24V±8V			30W	—
	FX₂N-48MR（T）-D FX-48ER-D			250V 5A 5φ*20mm	50W	
	FX₂N-64MR-D				50W	
	FX₂N-80MR-D 80MR-D				50W	

① AC 输入型，不内附传感器电源。
② 为无扩展模块时的最大输出容量。

附录 B　三菱 FX₂N 应用指令

类型	FNC 编号	指令符号	功　能	执行时间/μs		
					ON	OFF
程序流向控制	00	CJ	条件转移		46.6	27.4
	01	CALL	子程序调用		49.5	27.4
	02	SRET	子程序返回		34.0	
	03	IRET	中断返回		36.7	
	04	EI	允许中断		62.6	
	05	DI	禁止中断		37.7	
	06	FEND	主程序结束		960	
	07	WDT	监视时钟		35.9	25.1
	08	FOR	循环范围开始		39.9	
	09	NEXT	循环范围结束		29.1	
传送比较	10	CMP	比较	(16)	161.8	33.3
				(32)	189.0	39.9
	11	ZCP	区间比较	(16)	186.9	33.3
				(32)	220.8	39.9
	12	MOV	传送	(16)	78.4	33.3
				(32)	98.4	39.9
	13	SMOV	BCD 码移位传送		302.9	33.3

（续）

类型	FNC 编号	指令符号	功 能	执行时间/μs		
				ON		OFF
传送比较	14	CML	取反传送	(16)	74.0	33.3
				(32)	95.9	39.9
	15	BMOV	成批传送	180.5 + 17.1n		33.3
	16	FMOV	多点传送	107.6 + 5.3n		33.3
	17	XCH	变换传送	(16)	90.3	33.3
				(32)	113.8	39.9
	18	BCD	BIN→BCD 变换传送	(16)	130.9	33.3
				(32)	342.0	33.3
	19	BIN	BCD→BIN 变换传送	(16)	135.4	33.3
				(32)	314.3	39.9
四则逻辑运算	20	ADD	BIN 加法	(16)	115.5	33.3
				(32)	144.5	39.9
	21	SUB	BIN 减法	(16)	116.6	33.3
				(32)	146.5	39.9
	22	MUL	BIN 乘法	(16)	133.4	33.3
				(32)	185.0	39.9
	23	DIV	BIN 除法	(16)	139.5	33.3
				(32)	804.8	39.9
	24	INC	BIN 加 1	(16)	55.3	33.3
				(32)	65.4	34.4
	25	DEC	BIN 减 1	(16)	55.4	33.3
				(32)	65.1	34.4
	26	WAND	逻辑与	(16)	108.0	33.3
				(32)	135.4	39.9
	27	WOR	逻辑或	(16)	107.9	33.3
				(32)	135.5	39.9
	28	WXOR	异或	(16)	106.5	33.3
				(32)	133.9	39.9
	29	NEG	取补	(16)	55.1	33.3
				(32)	65.5	34.4
循环移位与移位	30	ROR	右循环移位	(16)	91.9 + 3.0n	33.3
				(32)	113.8 + 3.5n	39.9
	31	ROL	左循环移位	(16)	91.9 + 3.0n	33.3
				(32)	113.8 + 3.5n	39.9
	32	RCR	带进位右循环移位	(16)	V99.0 + 1.4n	33.3

（续）

类型	FNC 编号	指令符号	功　能	执行时间/μs		
					ON	OFF
循环移位与移位	32	RCR	带进位右循环移位	(32)	120.8 + 1.8n	39.9
	33	RCL	带进位左循环移位	(16)	99.0 + 1.4n	33.3
				(32)	120.8 + 1.8n	39.9
	34	SFTR	右移位	n2 = 4180.8 + 70.0nl		33.3
	35	SFTL	左移位	n2 = 4180.8 + 70.0nl		33.3
	36	WSFR	右移字	n2 = 4218.6 + 18.0nl		33.3
	37	WSFL	左移字	n2 = 4218.6 + 18.0nl		33.3
	38	SFWR	先入先出 FIFO 写入	138.1		33.3
	39	SFRD	先入先出 FIFO 读出	143.1 + 6.8n		33.3
数据处理	40	ZRST	成批复位	161.3 + K(D2 - D1)，K = 3.2D，K = 16.5,T.C.S，K = 13.5Y,M		39.9
	41	DECO	译码	114.8		28.8
	42	ENCO	编码	125.6		28.8
	43	SUM	位检查 "1" 状态的总数	(16)	133.5	33.3
				(32)	196.6	39.9
	44	BON		(16)	168.9	33.3
				(32)	177.6	39.9
	45	MEAN	平均值	133.4 + 12.2n		33.3
	46	ANS	信号报警器置位	192.6		165.6
	47	ANR	信号报警器复位	86.5		25.5
高速处理	50	REF	输入输出刷新	145.3 + 3.6n		33.3
	51	REFF	调整输入滤波器的时间	56.0 + 4.9n		33.3
	52	MTR	短阵分时输入	87.3		39.9
	53	HSCS	比较置位（高速计数器）	(32)	175.0	39.9
	54	HSCR	比较复位（高速计数器）	(32)	175.0	39.9
	55	HSZ	区间比较（高速计数器）	(32)	240.3	39.9
	56	SPD	脉冲速度检测	164.4		163.0
	57	PLSY	脉冲输出	(16)	154.5	173.6
				(32)	154.5	173.6
	58	PWM	脉宽调制	139.8		171.0
方便指令	60	IST	起始状态	272.9		33.3
	62	ABSD	绝对值式凸轮顺控	141.4 + 61.4n		33.3
	63	INCD	增量式凸轮顺控	208.8		39.9
	64	TTMR	具有示教功能的定时器	81.3		69.6
	65	STMR	特殊定时器	176.6		167.8

（续）

类型	FNC 编号	指令符号	功　能	执行时间/μs		
				ON		OFF
方便指令	66	ALT	交变输出	105.6		33.3
	67	RAMP	倾斜信号	181.8		134.5
	68	ROTC	回转台控制	232.5		209.1
外部 I/O 设备	70	TKY	十进制键入	(16)	245.7	33.3
				(32)	229.1	39.9
	71	HKY	十六进制键入	(16)	318.8	39.3
				(32)	338.0	45.5
	72	DSW	数字开关，分时读出	$n=1205.8$	$n=2208.1$	39.9
	73	SEGD	七段译码	142.1		33.3
	74	SEGL	七段分时显示	一组：209.7 二组：246.9		33.3
	75	ARWS	方向开关控制	285.4		33.3
	76	ASC	ASCII 码变换	130.9		33.3
	77	PR	ASCII 码打印	打印中：207.1 打印结束：112.1		112.6
	78	FROM	读特殊功能模块	(16)	$170+406n$	45.0
				(32)	$200+800n$	
	79	TO	写特殊功能模块	(16)	$151+480n$	45.0
				(32)	$200+936n$	
FX 功能模块	81	PRUN	并行运行，FX$_{2N}$-40AP/AW	(16)	$137.1+53.5n$	33.3
				(32)	$154.5+49.3n$	33.3
	85	VRRD	FX-8AV 读出	308.1		33.3
	86	VRSC	FX-8AV 刻度读出	319.1		33.3
F2 外部单元	90	MNET	NET/MINI 网，F-16NP/NT	634.9		25.5
	91	ANRD	模拟量读出，F2-6A	1137		33.3
	92	ANWR	模拟量写入，F2-6A	1387		470.9
	93	RMST	RM 单元起动，F2-32RM	948.8		950.0
	94	RMWR	RM 单元写入，F2-32RM	(16)	2214	33.3
				(32)	4235	39.9
	95	RMRD	RM 单元读出，F2-32RM	(16)	1684	33.3
				(32)	3168	39.9
	96	RMMN	RM 单元监控，F2-32RM	1589		33.3
	97	BLK	GM 程序块指定，F2-30GM	672.4		669.3
	98	MCDE	机器码读出，F2-30GM	740.3		33.3

参 考 文 献

[1] 王兆义. 可编程控制器实用技术 [M]. 北京：机械工业出版社，1997.

[2] 余雷声. 电气控制与 PLC 应用 [M]. 北京：机械工业出版社，1998.

[3] 孙政顺，曹京生. PLC 技术 [M]. 北京：高等教育出版社，2006.

[4] 胡军，熊伟. 可编程控制器原理应用与实例解析 [M]. 北京：清华大学出版社，2007.

[5] 张林国，王淑英. 可编程控制器技术 [M]. 北京：高等教育出版社，2002.